KB261681

블랙홀 랑데부

국립중앙도서관 출판시도서목록(CIP)

아인슈타인과 호킹의 블랙홀 랑데부 / 송은영 지음. — 파주 : 해나무, 2005

   p. ;   cm

ISBN 89-89799-48-1 03420 : ₩11000

443.8875-KDC4
523.8875-DDC21   CIP2005001132

아인슈타인과 호킹의 블랙홀 랑데부

송은영 지음

해나무

차례

머리말

블랙홀은 아인슈타인의 상대성이론이 내놓은 최고의 걸작품
이다. 금세기를 대표하는 천재 물리학자가 발표한 최고의 이론
이 낳은 흥미로운 걸작품, 이런 사실만으로도 블랙홀은 세인의
관심을 끌기에 부족함이 없다.

그러나 정작 블랙홀에 대해서, 속속들이 이해하는 것은 차치
하고 수박 겉핥기식으로라도 알고 있는 사람은 그리 많지 않다.
실로 아이러니가 아닐 수 없다.

하지만 여기에는 그럴만한 속사정이 분명 있다. 일반상대성이
론은 세상에서 실로 난해하기 이를 데 없는 이론이기 때문이다.
그런 이론이 내놓은 결과물이라면, 당연히 누구든 움츠러들 수
밖에 없을 것이다.

하지만 그렇다고 해서 블랙홀이 도저히 접근 불가능한 불가해한 실체는 결코 아니며 오히려 누구나 이해할 수 있는 흥미진진한 천체이다. 단지 오래전부터 '일반인 접근 금지'라는 붉은색 경고 문구를 걸어놓고 그것을 회수하려는 진지한 시도를 하지 않았다는데 문제가 있다.

이 책을 쓰는 내내 머릿속에서 지워지지 않은 생각은, 인류 최고의 지적 성과물 중 하나인 블랙홀을 우리 모두 공유해야 한다는 것이다. 바로 이런 취지를 담아 세상에 내놓은 것이 『블랙홀 랑데부』이다.

사물의 속성을 정의하고 그 존재 양태를 명확히 보여주기 위해 붙이는 것이 이름이라면, 그러한 취지에 더없이 잘 어울리는 것이 블랙홀이다. 그 검디검은 미궁 속에 시공간의 삼라만상을 가두어두고 있으니까.

블랙홀을 이해하는 것은 아인슈타인 이론의 핵심에 바짝 다가서는 가장 확실한 지름길이다. 그래서 블랙홀을 바르게 이해하면 상대성이론까지도 한꺼번에 거머쥐는, 일석이조의 효과를 거둘 수 있다.

아인슈타인은 의아한 표정을 지으며 이렇게 말한 바 있다.

"사람들은 저를 두고 세계적인 대천재라며 호들갑을 떨지요.

하지만 그들 대부분은 상대성이론이 뭔지도 모릅니다."

이 책을 통해 아인슈타인과 상대성이론, 블랙홀을 이해하는 소중한 계기가 되기를 바란다.

늘 빚진 마음이 들도록 한결같이 저를 지켜봐주시는 여러분들과 이 책이 나오는 소중한 기쁨을 함께 나누고 싶습니다. 감사합니다.

2005년 5월 일산에서

송은영

우주의 미궁을 찾아서

블랙홀, 그 마력의 천체

검은 하늘, 그리고 그곳에 깨알처럼 붙박인 별들은 분명 마력을 지니고 있다. 그래서 고개를 들어 영롱한 빛을 내뿜고 있는 그들을 가만히 바라보노라면 시나브로 빨려 들어가는 느낌에 젖곤 한다. 이것은 도취이고 몰입이다. 그러한 도취와 몰입은 우리에게 무한한 경외감을 선사한다.

별이 빨아들이는 건 우리의 마음만이 아니다. 검은 하늘 별무리 중엔 삼라만상을 흡인해버리는 천체가 있다. 태양보다 족히 수십 배는 무거움직한 별이다. 그것이 수축한 후 내부에서 강렬한 폭발이 일어나 어마어마한 충격파가 발생한다. 충격파는 별의 껍질을 송두리째 날려버린다. 그러나 내부 물질은 그런대로 살아남는다. 겨우 내부 알맹이만 남았지만 그래도 무시할 수 없는 양이다.

폭발 전 몸집이 태양보다 월등했기 때문에 폭발 후의 잔해도 태양보다 크다. 그렇다보니 짓누르는 힘을 이기지 못하고 별은 이내 다시 수축을 시작한다.

이번에는 그 어떤 수단으로도 별의 수축을 막을 방법이 없다. 수축은 별의 잔해를 무한히 찌부러뜨리며 끝없이 계속된다. 그러다 어느 순간 별이 우리의 시야에서 감쪽같이 사라진다. 한없이 수축을 거듭했으니 몸집이 무척이나 작아져서 그럴 거라 생각하고, 그곳에 고배율 천체망원경을 들이대본다. 하지만 영상이 잡히질 않는다.

배율이 낮아서인가? 지상 최고의 초고배율 천체망원경을 이용해서 그 지점을 다시 한번 샅샅이 뒤진다. 그러나 실체를 잡아내지 못하기는 매한가지다.

작디작은 미생물도 거뜬히 볼 수 있는데 하물며 그 큼지막한 별을 못 보다니. 썩어도 준치라고 작아졌다고는 해도 그건 엄연한 별이다. 그런데 보이질 않는 것이다. 대체 얼마나 작아진 걸까? 도대체 얼마나 줄어들었기에 보이지도 않는단 말인가?

가까이 가면 볼 수 있으리라 생각해 천체망원경은 제쳐두고 우주선을 타고 직접 그곳으로 향한다. 그러나 가까이 갔는데도 찾을 수가 없다. 더 가까이 다가가야 보이려나? 하지만 보이지 않기는 마찬가지다. 또다시 접근해본다. 그래도 별을 발견할 수가 없다. 남아 있던 물질마저 산산이 날아가 존재 자체가 없어져 버린 걸까?

미련이 남는다. 중심을 향해 바짝 다가간다. 그 순간 상당히 거센 인력(引力)이 느껴진다. 힘의 근원이 무엇일까? 어디에서 나오는 힘일까? 황급히 사방을 둘러보지만 아무것도 보이지 않는다. 이런 작용을 할 만한 존재라곤 털끝조차 보이지 않는다. 그러나 우주선을 당기는 힘은 갈수록 거세진다. 역추진 장치의 효율을 최대로 높여보아도 소용이 없다. 아무리 발버둥을 쳐도 빠져나올 수가 없다. 이내 우주선도 사라진다.

이게 어찌 된 일인가? 무슨 조화란 말인가? 별은 어디에 숨어 있고, 우주선은 어디로 사라졌단 말인가?

이 모두가 천체 내부의 끌어당기는 힘, 즉 중력에 기인한 것이며, 이처럼 신비한 마력을 내뿜는 천체가 바로 블랙홀이다.

과거에서 미래로 한치의 오차도 없이 도도히 흐른다고 굳게 믿는 시간마저 삼켜버리는 우주의 미궁 블랙홀, 그래서 헤어 나지 못하는 운명적인 사랑을 우리는 블랙홀에 비유하곤 한다. 사랑의 블랙홀, 블랙홀에 빠진 사랑, 블랙홀 사랑 등으로.

블랙(Black), 검다는 건 감추다, 가리다라는 의미를 담고 있다. 인간의 호기심은 감춰지고 가려진 것을 들추고 싶어하는 강한 욕구와 맞닿아 있다.

그런 의미에서 블랙홀(검은 구멍)은 그 이름에서 풍기는 어감 자체만으로도, 뭔가 의미심장한 게 숨어 있을 것 같아 우리의 지적 호기심을 십분 자극한다.

만물을 가두어두고 있으니, 거기에 담겨 있을 자연의 비밀은 한두 가지가 아닐 게 뻔하잖은가.

블랙홀은 사정거리 내에 들어온 것들은 인정사정없이 싹쓸이하듯 삽시간에 거두어들인다. 행성이건 별이건 예외가 없다. 그러니 그 속에는 우주의 과거가 고스란히 담겨 있을 것이다.

블랙홀은 주변 것들을 닥치는 대로 집어삼키고, 또 그들끼리 충돌해 몸집을 불려나간다. 그렇다면 우주의 미래는 결국 초대형 포식자 블랙홀의 손에 달려 있다고 보아도 무방할 것이다.

과거와 미래는 시간의 다른 이름이다. 블랙홀은 우주의 시간과 궤를 같이한다. 과거와 미래가 혼재돼 있으니, 블랙홀 속에선 우리에게 익숙한 기존의 시간 개념이 모호해질 수밖에 없다.

시간은 무엇일까?

인생은 과연 시간과 관계가 있을까?

과거가 내 인생일까?

현재가 내 인생일까?

미래가 내 인생일까?

우리의 삶이 시간과 관계가 있긴 있는 걸까?

시간의 흐름에 상관없이 인생이 결정되는 건 아닐까?

우리는 시간의 중심에 서 있는 걸까?

시간이 존재하지 않아도 사고하는 게 가능한가?

우리가 품고 있는 이러한 근원적인 의문에 대해 적확한 답을 줄 보따리가 블랙홀 속에 꼭꼭 숨어 있을지도 모른다. 그러니 어찌 우리가 블랙홀에 빠져들지 않을 수 있겠는가? 중력의 극적인 산물인 블랙홀 탐험, 그 마력적인 여행을 떠나보자.

1

블랙홀이 탄생하기까지

뉴턴과 블랙홀

뉴턴은 만유인력이라는 고전적 중력이론을 완성했다. 그런 의미에서 블랙홀 이론의 토대는 뉴턴이 쌓았다고 볼 수 있다. 뉴턴의 중력이론을 고전적이라고 표현한 것은, 아인슈타인이 1916년에 일반상대성이론을 발표하면서 중력에 대한 기존의 생각을 뒤바꿔놓았기 때문이다.

"모든 물질은 서로 잡아당기는 힘이 있다. 이것을 중력이라고 한다."

물질 사이에는 예외 없이 중력이 작용한다는, 고전물리학을 완성한 뉴턴이 내놓은 이러한 생각을 알토란같이 종합해놓은 것이 만유인력의 법칙이다. 만유인력의 세기는 질량이 클수록, 거리가 가까울수록 강하다.

뉴턴은 사고한다.

빛은 입자로 이루어져 있다.

입자는 물질이다.

그러니 빛은 중력의 영향을 받아야 한다.

빛 역시 여타 물질처럼 질량이 있는 쪽으로 끌릴 것이다.

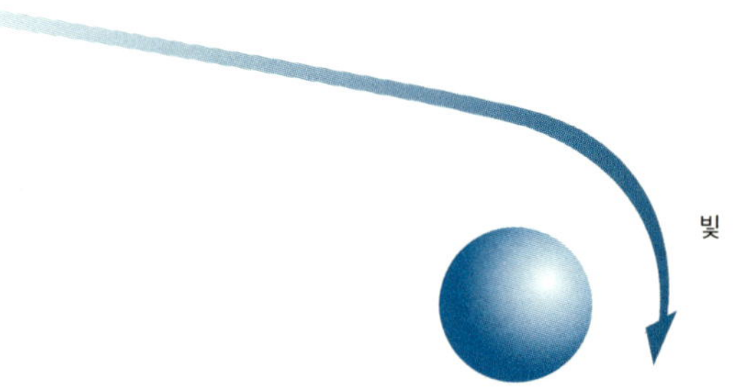

■■ 중력에 의한 빛의 휘어짐 현상

끌린다는 건 당겨지고 휘어진다는 의미이다. 빛이 휠 수 있다는 생각은, 분명 블랙홀을 상상하는 첫 단초임에 틀림없다. 왜냐하면 빛을 포함해 모든 사물을 소용돌이치듯 휘감아 영영 빠져나오지 못하게 가두는 실체가 블랙홀이기 때문이다.

그러나 뉴턴의 생각은 여기까지였다. 그가 블랙홀에 공헌한 모든 것은 빛이 휠 가능성을 제시한 것이다. 한번 포획한 먹이는 절대 빼앗기지 않는 정글의 맹수와 같은 신비의 천체를 상상하는 건 후대의 몫이 되었다.

라플라스와 블랙홀

프랑스의 이론물리학자이며 수학자인 라플라스는 빛을 잡아먹을 수 있는 천체를 상상한 과학자 중 한 사람이다. 그는 '천체역학' 이라는 용어를 처음으로 사용한 인물이다.

"중력은 우주에서 발생하는 모든 사건을 좌우하는 유일무이한 힘이다. 태양계 내 천체의 운동은 만유인력의 법칙으로 완벽하게 설명할 수 있다."

라플라스의 이러한 믿음은 1798~1827년에 집필해 세상에 내놓은 『천체역학 개론 *Traité de mécanique Céleste*』이라는 5권 분량의 저서에 그대로 녹아들어 있고, 나폴레옹과의 대화에서도 여실히 드러난다.

"당신의 저서를 보았더니 신에 대한 언급이 전혀 없더군요."

그러자 라플라스가 이렇게 대답했다.

"천체의 운동을 설명하는 데 신이라는 존재를 가정할 필요가 없기 때문입니다."

　우주를 해석하려는 라플라스의 시각은 이렇듯 합리적이었다. 그런데 라플라스는 이런 합리적인 시각을 어떻게 적용해서 빛조차 빠져 나오지 못하는 천체라는 개념을 끌어낸 걸까? 사고실험을 해보자. 사고실험(思考實驗, Thinking Experiment)이란 당장은 실험이 불가능해 머릿속 상상만으로 결론을 유도하는 방법이다.

여기는 지구.

공을 쏘아 올린다.

공은 허공으로 솟아오른 후 바닥에 떨어진다.

공을 더욱 세게 쏘아 올린다.

공은 더 높이 상승한 후에 낙하한다.

이렇듯 공의 상승 높이는 발사 강도에 비례한다.

그런데 공은 왜 계속 날아오르지 못하고 다시 땅으로 곤두박

질치는 걸까?

중력 때문이다.

지구가 공을 잡아당기는 힘 때문이다.

그럼 지구의 중력을 이겨낼 수 있는 속도로 공을 발사하면?

그렇구나!

공이 지표를 향해 다시 추락하는 일은 없을 것이다.

이걸 탈출속도(Escape Velocity)라고 한다. 그러니까 탈출속도란 천체의 중력을 이기고 빠져나갈 수 있는 속도를 말한다. 그 천체가 지구이면 지구 탈출속도, 화성이면 화성 탈출속도, 목성이면 목성 탈출속도, 태양이면 태양 탈출속도가 된다. 천체의 탈출속도는 뉴턴의 중력 법칙을 이용해서 계산할 수 있는데 태양계 몇몇 행성의 탈출속도는 다음과 같다.

태양계 천체	탈출속도(초속)
달	2.4km
수성	4.3km
금성	10.3km
지구	11.2km

라플라스와 미첼

사고실험을 이어가자.

탈출속도는 천체의 질량이 무거울수록 증가한다.

그러니 태양보다 무거운 천체의 탈출속도는 태양의 탈출속도 이상일 터이다.

이런 식으로 천체의 질량을 계속 늘려가면 탈출속도는 계속 증가할 테고 탈출속도가 광속에 이르는 때가 올 것이다.

탈출속도가 광속이라는 건 빛의 속도로 내달려야 천체의 중력에서 가까스로 벗어날 수 있다는 말이다.

탈출속도가 광속 이상이라면?

그렇다.

빛이 빠져 나오지 못한다.

빛이 나오지 못하니 볼 수도 없다.

우리 눈에 보이지 않는 천체를 그려보아야 하는 것이다.

보이지 않는 미지의 천체, 이것이 바로 블랙홀이다.

그러나 이와 같은 극적인 천체를 상상한 건 라플라스만이 아니었다. 영국의 성직자, 지질학자, 천문학자였던 미첼(John Michell, 1724~1793)도 비슷한 시기에 그와 엇비슷한 사고를 했

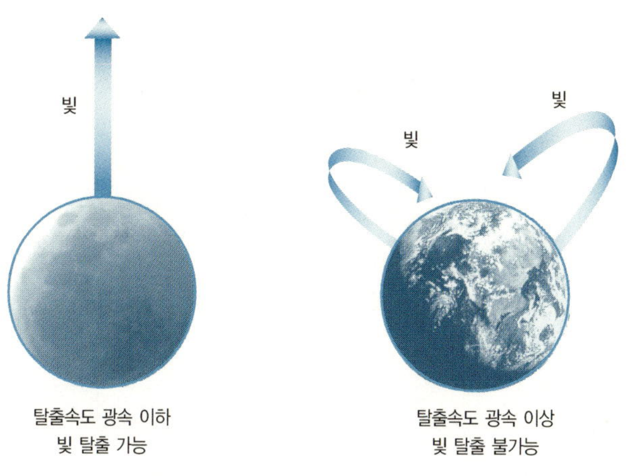

탈출속도와 광속

음이 확인되었다.

라플라스는 블랙홀에 대한 생각을 1795년에 발표한 논문 「세상의 체계에 대한 해설 *Exposition du Systéme du monde*」에 풀어놓았다.

"태양보다 월등히 큰 별에서 나오는 빛은 강한 인력 때문에 지구까지 도달하지 못하고, 그러므로 볼 수도 없을 것이다."

반면 미첼은 1783년에 이렇게 주장했다.

"굉장히 무거운 별은 중력이 아주 강해서 빛조차 빠져 나오지 못하는 보이지 않는 검은 천체가 될 것이다."

논문은 미첼이 먼저 발표했으나 세상에 먼저 알려진 건 라플라스였다. 영국의 이론천체물리학자인 스티븐 호킹이 1973년에 발표한 저서에서 이에 대해 언급했고, 미첼의 이론은 그보다 11년 후인 1984년 영국의 이론천체물리학자인 리스(Martin Rees)가 프랑스에서 열린 한 학회에서 공개했다.

라플라스의 상상

라플라스의 상상은 여기서 그치지 않는다. 보이지 않는 신비의 천체를 그는 구체적으로 그려본다. 사고실험을 계속하자.

지구와 같은 물질로 구성된 천체가 있다.

지구와 밀도가 같다.

지구의 탈출속도는 초속 11.2km이다.

반면 광속은 300,000km에 달한다.

지구 탈출속도보다 무려 27,000배가량 빠르다.

그러니 지구보다 지름이 27,000배 큰 천체의 탈출속도는 광속에 이를 것이다.

27,000이란 숫자가 나온 이유는 탈출속도는 천체의 지름에 비례한다는 사실에 따른 결과이다. 라플라스는 이걸 태양에 적용한다.

여기서 250이란 숫자가 나온 이유는 27,000을 110으로 나눈 값이 대략 250에 근접한다는 사실에 기인한다.

일반상대성이론의 예측

라플라스와 미첼의 블랙홀 예측은 분명 높은 점수를 주어야 할 업적이다. 그러나 완벽하다고는 볼 수 없다. 왜냐하면 보이지 않는 천체를 그려내는 데는 성공했으나, 그 천체와 주변에서 일어나는 물리적인 현상에 대해선 구체적으로 설명하지 않았기 때문이다. 그래서 진정한 의미의 블랙홀 연구는 아인슈타인이 등장하면서부터 시작되었다고 보아야 한다.

아인슈타인은 특수상대성이론과 일반상대성이론을 1905년과 1916년에 각각 발표했으나 두 이론 가운데 검은 천체를 예측하고 이해하는 데 기여한 몫을 나누라고 하면 단연 일반상대성이론의 비중이 절대적이다. 일반상대성이론은 중력의 실체를 밝힌

이론으로서, 아인슈타인은 중력의 세기에 따라 시공간이 춤춘다고 주장했다. 중력장이 강할수록 시간과 공간이 구부러지는 정도가 심해진다는 뜻이다. 사고실험을 해보자.

저기 별이 있다.

별은 굉장히 밝다.

별은 사방으로 빛을 쉼 없이 내뿜고 있다.

별빛은 에너지를 담고 있다.

자체 중력장을 벗어나기 위해 별빛은 중력을 이기며 나아간다.

그러면서 별빛은 에너지를 잃는다.

에너지가 감소했으니 별빛이 진동하는 횟수가 준다.

진동수가 준다는 건 파장이 늘어진다는 말이다.

파장이 길어졌다는 건 별빛이 붉은색 쪽으로 치우쳤다는 의미이다.

왜냐하면 빨주노초파남보의 가시광선 영역에서 보라 쪽으로 갈수록 파장이 짧아지고, 빨강 쪽으로 갈수록 파장이 길어지기 때문이다.

이처럼 중력의 영향을 받아서 빛이 붉은색 쪽으로 이동하는 현상을 아인슈타인 적색이동(Einstein Red Shift) 또는 중력에 의

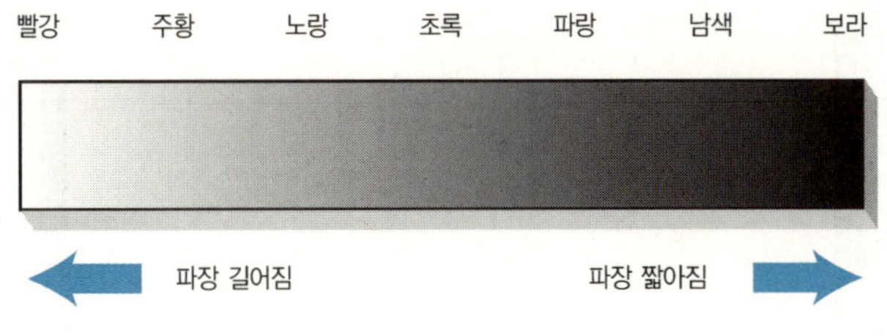

가시광선과 파장

한 적색이동(Gravitational Red Shift)이라고 한다. 중력이 있는 곳에선 예외 없이 아인슈타인 적색이동이 나타난다. 사고실험을 계속하자.

파장이 길어진다는 건 흐름이 늦어진다는 뜻이다.

흐름이 늦어지면 사건 인식이 늦어진다.

왜냐하면 우리는 빛을 통해 사건의 진행을 파악하기 때문이다.

그러니까 흐름이 늦어진다는 건 빛이 우리에게 늦게 도달해 사건 파악이 늦어질 수밖에 없다는 뜻이다.

이건 시간에 변화가 생긴다는 의미, 다시 말해 우리가 느끼는 시간이 느려진다는 이야기이다.

그렇구나!

시간의 상대성은 여기서도 적용되는구나!

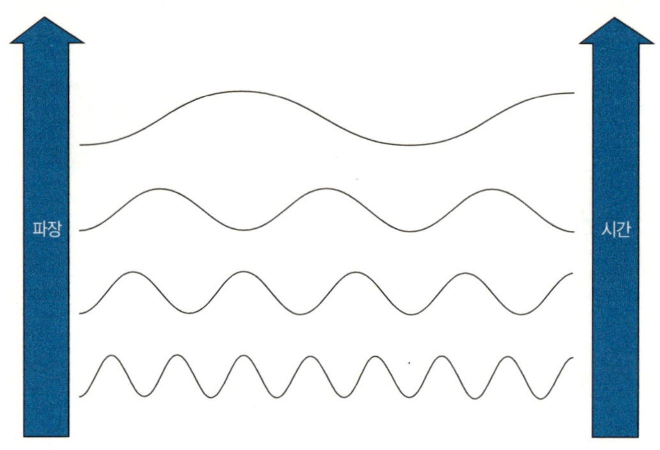

  시간과 파장. 파장이 길어질수록 시간은 느려진다.

아인슈타인 적색이동 현상이 파헤친, 중력장 주변에선 시간 자체도 변한다는 자연의 궁극적인 비밀은, 수천 년 동안 믿어 의심치 않았던 시간의 절대성을 허물어뜨렸다. 사고실험을 이어 가자.

아인슈타인 적색이동은 중력이 강할수록 두드러진다.
중력장이 셀수록 시간은 느려진다.
중력장의 세기가 무한히 강해지면
시간은 느려지고 느려지다 더는 느려질 수 없는 상태가 될 것이다.

중력의 세기가 무한대인 천체, 그것이 블랙홀이다. 한데 아인슈타인은 그 천체는 보이지 않을뿐더러 거기에선 시간이 아예 정지해버린다고 일반상대성이론을 통해 예측한 것이다.

슈바르츠실트, 블랙홀을 암시하다

슈바르츠실트의 공헌

$$R_{\mu\nu} - \frac{1}{2}\,g_{\mu\nu}R = -8\pi GT_{\mu\nu}$$

아인슈타인은 일반상대성이론을 내놓으면서 우주의 시공 구조를 하나의 압축된 방정식으로 표현했다. 이 아인슈타인 중력장 방정식은 한마디로 난해하기 이를 데 없다. 물리학의 역사에서 이보다 어려운 방정식은 없었고, 이를 완전히 풀어낼 수 있을지조차 요원한 상태다.

아인슈타인의 중력장 방정식은 하나의 방정식으로 깔끔하게 정리된다. 그러나 실제 연구로 들어가서 여기에 담긴 물리적인

■■ 최초로 아인슈타인의 중력장 방정식을 풀어낸 슈바르츠실트

의미를 바르게 찾고자 하면 상황이 확연히 달라진다. 우선 중력
장 방정식을 여러 개의 복잡한 방정식으로 나누고, 그 각각을 다
시 따로 떼어 계산해야 하는데, 그 하나하나가 비선형 편미분 방
정식이어서 계산하는 것조차 만만찮은 작업이다. 요즘은 컴퓨터
를 이용해 계산 능률을 월등히 높일 수 있지만, 컴퓨터란 물건을
상상조차 할 수 없었던 20세기 초에 펜과 종이만으로 그 일을 해
내기 위해선 몇 달이 걸리는 지루하고 지지부진한 작업일 수밖
에 없었다. 어디 그뿐인가? 따로 떼어내 계산한 방정식에는 자
연의 비밀이 숨어 있는 미지의 변수가 여러 개씩 딸려 있는데,
그 모두를 알차게 이해하고 제대로 해석해내는 건 수학적 풀이

이상의 역량을 요구한다.

아인슈타인이 중력장 방정식을 내놓은 지 백여 년이 흘렀지만 중력장 방정식에 대해 우리가 알아낸 건 별로 없다. 그런데 그 첫번째 결실은 의외로 일찍 세상에 나왔다. 1916년 독일의 천체물리학자 슈바르츠실트(Karl Schwarzschild, 1873~1916)는 『왕립 프로이센 과학 학술원 논문집』에 자신의 계산 결과를 발표했다. 논문 제목은 「아인슈타인 이론의 한 질점의 중력장에 관해」였다.

슈바르츠실트는 독일의 유능한 천체물리학자였다. 그간의 화려한 업적으로도 얼마든지 병역을 피할 수가 있었지만 남다른 조국애가 그를 전장으로 인도했다. 그는 제1차 세계대전중에 자원입대해 벨기에와 프랑스를 거쳐 동부전선에 배치되었다. 러시아에 머무는 동안 일명 천포창이라고 하는 피부병 펨피거스에 걸렸다. 펨피거스는 피부에 물집이 생기고, 방치하면 수포가 터져 출혈과 통증을 동반하는 질병이다. 지금이야 치료가 가능하지만 그 당시에는 불치병이었다.

전쟁과 질병이라는 악조건 속에서 슈바르츠실트는 틈틈이 아인슈타인의 중력장 방정식과 씨름했고, 수개월 만에 그 답을 얻어냈다. 그는 계산 결과를 베를린의 아인슈타인에게 보냈다. 편지를 받은 아인슈타인은 한편으론 놀라워했고, 한편으로 기뻐했다. 그때 아인슈타인은 자신의 중력장 방정식에 대한 어렴풋한 그림만을 그리고 있었을 뿐이었다.

아인슈타인은 슈바르츠실트에게 이렇게 답장을 썼다.

"당신이 보내준 논문을 매우 흥미 있게 읽었습니다. 나는 이렇게 간단한 방법으로 중력장 방정식의 해를 끌어낼 수 있으리라고는 감히 생각지 못했습니다."

그러고 나서 아인슈타인은 슈바르츠실트의 논문을 프로이센 과학 학술원에 보냈다.

슈바르츠실트는 그후로도 중력장 방정식의 다른 해를 찾기 위해 노력했으나 그의 건강은 나빠져만 갔다. 병이 너무 악화돼 급기야 전장에서 병가를 받아 고향으로 돌아왔고, 고향에 돌아온 지 두 달 만에 세상을 떴다. 그의 업적을 기념하는 프로이센 과학 학술원의 한 회의석상에서 아인슈타인은 슈바르츠실트가 기여한 공로를 높이 평가했다.

"슈바르츠실트의 논문에서 가장 인상적인 건 수학을 완벽하게 구사해 물리적 문제의 핵심을 쉽게 밝혀냈다는 사실이다. 슈바르츠실트의 유연한 사고가 심오한 지식의 핵심을 꿰뚫어보았다는 건 아무리 칭찬을 해도 아깝지 않을 재능입니다. 이런 탁월한 재능이 있었기에 슈바르츠실트는 다른 이론물리학자들이 감히 다가서기조차 어려워했던 분야에서 중요한 업적을 쌓을 수 있었습니다. 자연에 거미줄처럼 미묘하게 얽혀 있는 상호관계를 밝히려는 불굴의 창조적 노력은 가히 예술가적 경지에 다다른 즐거움이었다고 생각합니다."

슈바르츠실트는 블랙홀을 암시하는 답을 내놓은 최초의 인물이다. 그런데 우연의 일치라고나 할까, 아니면 그렇게 운명지어진 것인지 그의 이름은 이미 '검은 구멍'이라는 뜻이다. 독일어로 'Schwarz'는 검다, 'Schild'는 방패 또는 차폐물이란 의미다. 따라서 'Schwarzschild'는 검은 차폐물, 이른바 블랙홀이라는 뜻이다.

슈바르츠실트 블랙홀의 특이점

슈바르츠실트는 아인슈타인의 중력장 방정식을 푸는 선도적인 역할을 했다. 이건 현대 우주론의 새로운 장이 열릴 것이라는 강한 암시였다. 아무리 칭찬해도 아깝지 않을 공적이다. 그러나 20세기 초에는 그다지 많은 관심을 끌지 못했다. 아니, 물리학자나 천문학자들에게 철저히 외면당했다고 보는 것이 더 합당할 것 같다.

"머릿속 상상은 개인의 자유이듯, 이론은 말 그대로 이론일 뿐입니다. 그게 어디 현실적으로 가능하겠습니까?"

대다수 학자들이 이러한 반응을 보인 근거는 슈바르츠실트가 얻은 결과 때문이었다. 슈바르츠실트가 푼 해에는 특이점이 존재했다. 특이점(singularity)이란 말 그대로 특이한 점이란 의미로서 수리-물리학적으로 표현하면 무한대로 발산하고 미분이 불가능하다는 뜻이다.

무한대라는 건 현실에선 의미를 부여하기 어려운 개념이다. 물리 현상이 가치를 지니기 위해선 어떠한 상황과 환경에서도 늘 똑같이 반복 측정할 수 있어야 하는데, 무한은 그게 불가능하다. 어디가 끝이고 얼마만큼이 한계인지 인간의 지식으로는 도무지 결론 내리기 어려운 양이어서 과학자들도 당혹스러워한 것이다. 무한이란, 한마디로 현실과는 완전히 동떨어진 무효용의 극치이다. 슈바르츠실트가 푼 중력장 방정식의 해답 속에 바로 이런 무한대가 도사리고 있었던 것이다.

그렇다면 그 방정식에서 무한대를 야기하는 특이점의 실체가 궁금하다. 그건 다름 아닌 중력이다. 중력은 일반상대성이론의 핵심이다.

"중력이 무한대가 되는 점?"

우리는 늘 중력을 느끼며 산다. 중력은 우리의 일상과는 떼려야 뗄 수 없는 현실적인 개념이다. 그런데 중력이 무한대가 되는 점이 있는 천체가 있다고 하니, 더욱더 강한 거부감을 불러일으킬 건 자명한 일이었다.

그런데 슈바르츠실트의 해에는 중력이 무한대가 되는 특이점이 하나가 아니라 둘이었다. 중력이 무한대가 되는 특이점이 하나가 아닌 둘이라는 사실은 천체물리학자들을 무척이나 당혹스

우주를 수학적으로 해명한 뉴턴의 저서 『자연철학의 수학적 원리』

럽게 만들었다. 그래서 그러한 천체를 상상 속의 산물로만 간주한 것이다.

뉴턴과 아인슈타인의 특이점

슈바르츠실트가 풀어냈듯이 일반상대성이론은 특이점의 존재 가능성을 예견한다. 하지만 일반상대성이론만 중력이 무한대가 되는 상황을 예상한 건 아니다. 뉴턴의 중력이론도 특이점의 존재 가능성을 예측한다.

뉴턴의 만유인력은 거리의 제곱에 반비례하는 힘이다. 거리가 가까울수록 잡아끄는 힘이 더욱 강해진다는 뜻이다. 그래서 거리가 0이 되는 지점(원점 또는 중심점)에 이르면 만유인력은 무한대가 된다. 지구와 같은 구형의 천체를 예로 든다면, 반지름이 0(영)이 될 때 지구의 중력은 자연스레 무한대가 되는 것이다.

반면 일반상대성이론은 거리에 따른 중력의 변화가 이보다 더 격렬하다고 얘기한다. 그래서 천체의 반지름이 줄어들수록 중력의 세기는 큰 폭으로 강해지다가 반지름이 0(영)이 되기도 전에 중력은 이미 무한대에 도달한다고 말한다. 이 지점을 가리켜서 중력반지름(Gravitational Radius)이라고 부르는데, 슈바르츠실트

아인슈타인을 '20세기의 인물'로 선정한 『타임』의 표지 사진

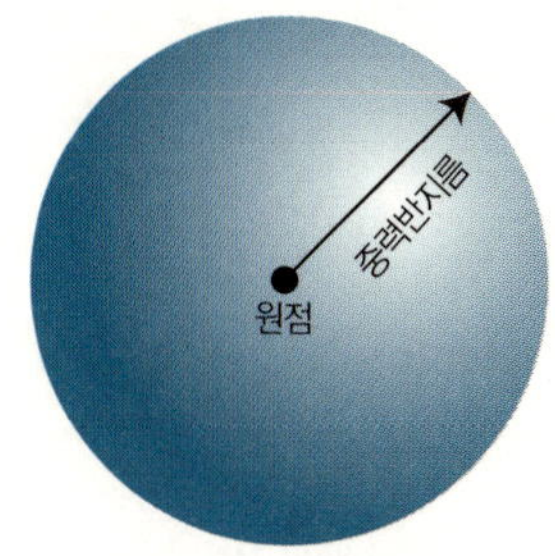

뉴턴과 아인슈타인 이론의 특이점

가 푼 해 속에 이것이 포함되어 있었던 것이다. 중력반지름은 아인슈타인 중력장 방정식을 최초로 풀어낸 슈바르츠실트의 업적을 기려서 슈바르츠실트 반지름이라고도 한다.

슈바르츠실트 반지름은 곤혹스러운 문제를 낳는데, 슈바르츠실트 반지름 너머에 있는 공간에 대한 의문이다. 원점에서 중력이 무한대가 되는 문제야 더는 공간을 고려할 필요가 없는 까닭에 별 문제가 될 게 없지만, 슈바르츠실트 반지름에는 크기야 어찌 되었든 분명히 공간이 존재한다. 공간은 있는데 중력의 세기는 이미 무한대를 넘어섰다는 사실을 어떻게 해석해야 하고, 또한 그 지역에 어떤 물리적인 의미를 부여해야 하는가라는 문제가 제기되는 것이다. 중력이 무한대가 되면 그 가공할 만한 수축력을 견뎌낼 수 있는 물체는 없을 터이고, 그렇게 되면 시공간의 휘어짐도 극에 달할 터인데, 그런 영역이 실제로 존재할 수 있겠느냐는 것이다.

이런 이유 때문에 당시의 학자들이 슈바르츠실트의 풀이에 더는 관심을 보이지 않았던 것이며, 단지 이론가의 상상 속 산물로 치부해버린 것이다. 일반상대성이론에서 중력장 방정식을 유도해낸 아인슈타인조차 대다수 학자들의 이러한 생각에 별다른 반대를 표하지 않았던 것만 보아도, 그걸 단순한 수학적 우연의 산물로 보았던 당시 분위기를 짐작할 수 있다.

그래서 일반상대성이론을 최초로 검증했던 에딩턴(Arthur Eddington)은 슈바르츠실트 반지름 너머의 공간을 탐구가 불가능한 요술 같은 구역이란 뜻으로 '마법의 원(Magic Circle)'이라고 불렀다.

20세기 초반의 이런 예측과는 달리 오늘날 슈바르츠실트의 해는 블랙홀이라는 궁극의 천체로 이어졌고, 슈바르츠실트 반지름은 블랙홀의 표면으로 확인되었다. 그러나 슈바르츠실트 반지름 영역은 여전히 인간의 상식적인 판단과 논리로는 수용키 어려운 부분이다.

우리가 알고 있는 일반적인 사건은 이 선 밖에서 모두 끝이 나고, 그걸 넘어서면 형체의 실재조차 의심스러워진다. 그래서 슈바르츠실트 반지름을 경계로 사건의 존재와 비존재가 나뉜다고 해서 슈바르츠실트 반지름을 '사건의 지평선(또는 사상의 지평선, Event Horizon)'이라고 한다. 슈바르츠실트 반지름, 중력반

■■ 중력반지름의 여러 표현

지름, 블랙홀의 표면, 사건(사상)의 지평선은 모두 같은 의미라
고 보면 된다.

무한한 수축에 대한 상상

영국의 미첼과 프랑스의 라플라스는 천체의 질량을 증가시키
는 착상으로 블랙홀의 존재 가능성을 예언했다. 반대로 슈바르
츠실트 반지름은 천체를 수축해도 중력이 무한히 강해질 수 있
다는 가능성을 보여주었다. 그러면 블랙홀을 만들기 위한 또 하
나의 방법으로 천체를 찌부러뜨리는 한계에 대해 생각해보자.

그는 블랙홀 신이다.

블랙홀 신이란 다름 아닌 중력이다.

중력의 신이 지구를 사방에서 짓누르고 있다.

전후좌우 사방에서 고르게 압력을 받은 지구는 그 힘에 버티

지 못하고 짓눌린다.

지구의 평균 반지름은 6400여 킬로미터 남짓이다.

그러했던 것이 반으로 준다.

중력의 신이 더욱 강하게 압축한다.

그러자 지구는 서울만 하게 수축하더니 이내 콩알만 한 크기

까지 급속히 찌부러진다.

지구가 서울만 하게 수축한다는 것도 믿기 어려운데 하물며 콩알만 하게 작아진다니…… 당연히 받아들이기 어려운 가능성이다. 그러나 슈바르츠실트가 중력장 방정식을 풀어서 내놓은 해는 이것이 가능하다고 예측한다. 그러니 당시의 학자들이 슈바르츠실트의 예측을 수학적인 풀이 이상도 이하도 아닌, 단지 흥밋거리로만 간주했던 것도 무리는 아니었다.

슈바르츠실트가 아인슈타인의 중력장 방정식을 풀어 내놓은 공식으로 계산해보면, 지구의 슈바르츠실트 반지름은 대략 1센티미터 남짓한 길이이다. 지름으로 따지면 2센티미터가량이니 말 그대로 콩알만 하다.

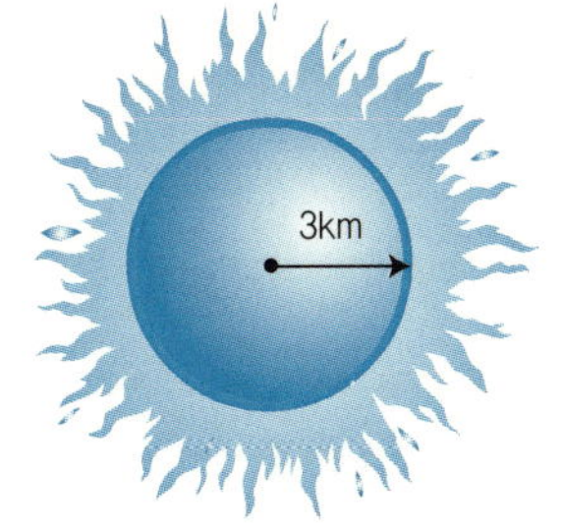
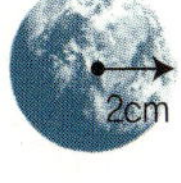

블랙홀이 된 지구와 태양

태양의 슈바르츠실트 반지름은 지구의 슈바르츠실트 반지름을 이용하면 간단히 유추할 수 있는데, 사고실험을 해보자.

질량이 무거울수록 중력은 강하다.

질량과 중력은 비례하기 때문이다.

마찬가지로 중력반지름도 질량에 비례한다.

태양은 지구보다 30만 배쯤 무겁다.

그러니 태양의 슈바르츠실트 반지름은 지구 슈바르츠실트 반지름의 30만 배가량 될 터이다.

지구의 슈바르츠실트 반지름은 1센티미터 남짓이다.

이 값에 30만을 곱하면 30만 센티미터가 된다.

30만 센티미터는 3천 미터, 즉 3킬로미터이다.

그렇다. 3킬로미터로 줄면 태양이 블랙홀이 된다고 슈바르츠
실트는 풀었다.

블랙홀 연구의 침체기

슈바르츠실트 반지름에 들어서는 순간 중력이 무한대가 되므
로 기존 물리학 법칙은 아무 쓸모가 없다. 물리학 법칙이 무용지
물이라면 미련 없이 버려야 할 터이나, 다른 자연현상에 적용하
는 데에는 하등 문제될 것이 없으니 버려야 할 건 중력반지름 내
부의 영역일 수밖에 없었다. 그리하여 슈바르츠실트 반지름 공간
은 자연스레 학자들의 관심에서 멀어지게 되었고, 1960년대에
들어 다시 블랙홀 연구가 주목받기 전까지 침체기에 들어간다.

그 동안 물리학자들은 무엇을 했을까? 침체기라곤 하지만 그
건 어디까지나 블랙홀에 해당하는 이야기일 뿐이고 물리학자들
이 그들의 왕성한 지적 욕구를 아무렇게나 방치하진 않았을 테
니까 말이다. 1920년대는 양자역학이 화려하게 꽃을 피우고 탄
탄히 정립되는 시기였다. 독일의 하이젠베르크, 오스트리아의
슈뢰딩거, 영국의 디랙 등이 불확정성 원리, 파동 방정식, 상대
론적 양자 방정식을 완성함으로써 양자론은 아인슈타인의 상대
성이론과 함께 현대 물리학의 주류로 당당히 전면에 나서게 되

었다. 그리고 1930~40년대는 원자핵 분열 현상이라는 시급한 현실적 과제에 전 세계의 내로라하는 물리학자들이 결코 무심할 수가 없었다. 제2차 세계대전 발발 즈음부터 추축국과 연합국 양축으로 나뉜 진영은 상대를 제압하기 위해 원자폭탄 개발에 사력을 다했다. 국가의 존망이 걸린 위기 상황에서 마음 편히 블랙홀을 연구한다는 건 분명 사치로 보였고, 어느 정치인도 걸출한 물리학자가 그런 자유를 맘껏 누리도록 허락하지 않았다.

여건이 이러하니 블랙홀 연구는 더더욱 침체될 수밖에 없었는데(참고로, 아인슈타인은 미국 뉴저지의 프린스턴에서 조용히 눈을 감을 때까지 블랙홀에 대한 의구심을 버리지 않았다), 그 와중에 두 명의 이론물리학자가 훗날 블랙홀 연구를 위한 큰 밑거름을 남겼다. 인도 출신의 미국 천체물리학자 찬드라세카르(Subrahmanyan Chandrasekhar)와 맨해튼 프로젝트(미국의 원자폭탄 개발 계획)를 총지휘한 미국 물리학자 오펜하이머(Robert Oppenheimer)가 그들이다. 참고로 찬드라세카르는 인도 최초의 노벨 물리학상 수상자인 라만(Raman Chandrasekhara Venkata, 라만 효과의 발견으로 1930년 노벨 물리학상 수상)과 친족 관계이다.

그러나 찬드라세카르와 오펜하이머의 연구도 알고 보면, 당시의 정치적인 연구 분위기와 동떨어진 것이라고 볼 수는 없다. 이들이 내놓은 별의 핵융합 과정은 수소폭탄 개발의 근거가 되는 주요 원리이고, 실제로 미국은 원자폭탄 개발에 이어 헝가리 출신의 미국 물리학자 텔러(Edward Teller, 수소 폭탄의 아버지로 불림)를 책임자로 하는 수소폭탄 개발에 착수했다. 수소폭탄 제조 계획에 반대한 오펜하이머는 정치적으로 심한 곤경에 빠졌고, 이후 명상서를 탐독하며 물리학자의 길을 접고 말았다.

찬드라세카르 한계와 중력수축

핵반응

슈바르츠실트가 블랙홀의 존재 가능성을 시사했다면, 찬드라세카르와 오펜하이머는 블랙홀이 어떤 과정을 거쳐 형성되는가를 구체적으로 규명했다. 그러나 이들이 처음부터 블랙홀을 목적으로 연구를 시작한 것은 아니었다. 질량과 핵융합 사이의 관계를 사고하면서 다다른 종착점에서 블랙홀에 맞닥뜨린 것이다.

핵반응에는 핵분열과 핵융합이 있다. 핵분열은 우라늄 같은 무거운 방사성 원소가 그보다 가벼운 다른 원소로 쪼개지는 반응이고, 핵융합은 수소처럼 원자번호가 낮은 방사성 원소가 뭉쳐서 원자번호가 높은 헬륨 같은 원소로 합쳐지는 반응이다.

무거운 방사성 원소는 상당히 불안정하다. 해안가 가파른 절벽 끝에 가까스로 서 있는 격이어서 조금만 충격을 주어도 핵분열이 일어난다. 반면 핵융합은 사정이 다르다. 적절한 환경만 주어지면 가능한 핵분열과는 달리, 핵융합은 일상에선 마주하기 어려운 초고온이라는 상황이 필요하다. 안정적인 원소를 합쳐서 자신보다 질량이 월등히 큰 물질을 만들어낸다는 걸 상상해보라. 결코 쉬운 일이 아니다.

수소가 뭉쳐 헬륨이 되는 과정을 생각해보자.

수소 원자가 있다.

그 속에는 전자와 원자핵이 하나씩 들어 있다.

전자는 음전하, 원자핵은 양전하를 띠고 있다.

여기에 또 하나의 수소가 다가온다.

둘은 서로 합쳐 새로운 원소를 만들려고 한다.

그러자면 기존 틀을 깨야 한다.

전자와 원자핵이 하나씩이었던 상태에서 전자 두 개와 더 큰 원자핵으로 이루어진 새로운 상태로 탈바꿈해야 한다.

이를 위해 두 개의 수소 원자가 안간힘을 쓰며 뭉치려 하고 있다.

그러나 내부 반발이 워낙 거세다.

다가갈수록 전자는 전자끼리, 원자핵은 원자핵끼리 더욱 강한 힘으로 서로를 밀어내는 것이다.

동일 전하는 밀쳐내는 척력(斥力)이 작용하는 데다, 그 힘은 거리가 가까울수록 더욱 거세지기 때문이다.

그럼 어떻게 해야 하나?

수소 속에서 안정된 체계를 갖춘 전자와 원자핵의 온전한 상태를 변화시켜야 한다.

그러자면 그들을 열받게 해야 한다.

그래서 에너지가 필요하다.

모든 물질에는 예외 없이 전자와 원자핵이 있다. 물질은 이들이 결합한 상태에 따라서 기체, 액체, 고체로 구분하는데 기체는 가장 느슨하게 구속돼 있는 상태이고, 고체는 가장 견고하게 묶인 상태이다. 그런데 초고온이 되면, 이러한 체계가 완전히 무너지면서 전자와 원자핵이 안정된 틀을 이탈해 아무렇게나 흩어져버리는 상황이 발생하는데 이걸 플라스마(Plasma) 상태라고 한다. 그래서 플라스마 상태를 기체, 액체, 고체에 이어 넷째 상태라고 부른다. 태양과 같은 고온의 물체는 전자와 원자핵이 정전기력의 속박을 벗어나 각기 분리돼 존재하는데, 핵융합을 일으킬 수 있는 전제 조건이 바로 이런 플라스마 상태를 만드는 것이다. 핵융합이 핵분열보다 여러 모로 이점(방사능에 의한 환경오염 전무, 무궁무진한 에너지 자원 등등)이 많은데도 아직 실용화하지 못한 데에는 초고온에 따른 문제를 극복하지 못했기 때문이다.

별의 중심 온도는 천만 도 이상이다. 이 정도면 핵융합 반응이 일어나기에 충분한 온도이다. 지구에선 쉽게 구축할 수 없는 플라스마 상태를 별에선 항시 얻을 수 있는 까닭에 질량과 핵융합 사이의 관계는 자연스레 별에 대한 연구로 이어지게 된다.

별은 왜 빛나는 걸까?

이것은 인간이 자신에게 가장 오랫동안 또 빈번히 던진 질문 중 하나이다. 하지만 이에 대한 명쾌한 답이 나온 건 20세기 들어서였다.

영국의 천체물리학자 에딩턴(Arthur Eddington, 아인슈타인의 일반상대성이론을 1919년에 최초로 검증한 인물)은 1920년대 초반에 태양과 별의 온도와 내부 구조에 대해 깊이 있게 연구했다.

사고실험을 해보자.

태양은 가스로 가득 뭉쳐 있다.

태양의 구성물질은 75퍼센트가 수소, 23퍼센트가 헬륨이고 나머지는 산소, 탄소, 네온, 질소 등이다.

가스는 흩날리기 쉬운 물질이다.

그렇다면 태양은 형체가 없어야 한다.

왜냐하면 고체와는 달리 가스는 가두어두지 않는 한 제멋대로 날아다녀서 모양을 이룰 수 없기 때문이다.

그런데 태양은 분명히 구(球)라는 형태를 취하고 있다.

이건 무얼 뜻하는가?

그렇다. 가스가 밖으로 탈출하지 못하도록 막는 힘이 있다는 뜻이다.

그리고 그 힘은 태양의 중심을 향해야 한다.

그래야만 사방이 고른 공 모양이 만들어지기 때문이다.

태양의 중심을 향한 힘, 이건 다름 아닌 태양의 중력이다. 사고실험을 계속하자.

태양은 지구보다 월등히 크고 무겁다.

그렇다보니 태양의 중력은 지구와는 비교가 되지 않을 만큼 강력하다.

지구에 대기가 머물러 있는 건 지구의 중력 때문이다.

이렇듯 지구 중력의 세기로도 대기를 지표에 꼭꼭 가두어놓는 게 가능하다.

이럴진대, 하물며 태양의 중력으로 수소 같은 가스를 가두어놓는 건 식은 죽 먹기일 터이다.

달에 대기가 없는 이유는 중력이 약하기 때문이다. 달의 중력은 지구의 6분의 1 정도이다. 이에 반해, 태양의 중력은 지구의 30여 배에 달한다. 다시 사고실험으로.

태양의 중력은 중심을 향한다.

그러니 태양 속 가스는 태양의 중심으로 이끌려야 한다.

이러한 작용은 태양이 생겨난 이후 하루도 끊이지 않고 쉼 없이 이어져왔다.

그렇다면 태양은 몹시 작아져 있어야 한다.

지구 정도까진 아니더라도 최소한 목성 크기로는 줄어들어 있어야 한다.

하지만 그렇지 않다.

태양의 자체 중력이 당기는 힘에 비해 더 큰 크기를 유지하고 있는 것이다.

이유가 뭘까?

에딩턴의 예측 2

별을 구성하는 물질이 자체 중력의 작용을 받아서 중심을 향해 서서히 끌려 들어가며 수축하는 현상을 '중력수축(Gravitational Contraction)' 이라고 한다. 그러니까 중력수축에 의해 태양은 줄어들어야 하지만, 실제로는 그렇게 되지 않은 이유가 무엇이냐고, 에딩턴은 묻는 것이다. 사고실험을 하자.

태양이 더는 수축하지 않는다는 건 역학적으로 안정 상태라는 뜻이다.

역학적 안정이란 힘의 균형을 말한다.

힘의 균형이란 동일한 세기의 힘이 정반대 방향으로 향하고 있는 상태이다.

그러자면 중력에 맞대응하는 힘이 있어야 한다.

태양의 중력은 표면에서 중심 쪽으로 향한다.

고로 중력에 맞대응하는 힘은 그와는 정반대 방향으로 작용해야 할 것이다.

즉, 태양 중심에서 표면 쪽으로 향해야 할 터이다.

그건 대체 어떤 힘일까?

여기서 '에딩턴의 예측 1'의 서두에서 꺼낸 질문을 되새겨볼 필요가 있다.

"별은 왜 빛나는 걸까?"

별이 빛난다는 건 빛이 방출되고 있다는 의미이다. 그렇다면 빛은 '밝기' 특성만 지니고 있을까? 그렇지 않다. 빛에는 열이라는 또 하나의 특성이 있다. 빛에 열이 포함돼 있다는 건, 작열하는 태양에 따가움을 느끼고 심하면 피부가 타는 등, 지구에 삶의 둥지를 튼 우리가 매일매일 절실히 느끼는 바이다. 한 걸음 더 나아가 태양광선에 밝음 성분만 들어 있고 열이 들어 있지 않

다면, 지구에 낮과 밤의 차이는 생길지언정 생명체는 결코 탄생
하지 못했을 것이다. 지구는 절대온도 0도(섭씨 영하 273도)에
근접하는 차디찬 극저온의 세계가 되었을 것이다. 그런 곳에서
생명의 숨소리를 기대한다는 건 나무에 올라 물고기를 구하는
격일 것이다. 사고실험을 이어가자.

그래, 그건 열이야!

온도가 상승하면 가스는 팽창하지 않는가.

태양 중심부에서 뿜어나온 열기가 가스를 밖으로 내치고 있
는 거야.

그래서 태양의 크기가 줄어들지 않고 평형 상태를 유지할 수
있는 것이리라.

그랬다. 에딩턴은 태양 내부에서 발생한 열이 가스를 팽창시
키는 힘과 중력에 의해 가스가 내부로 수축하는 힘이 맞비겨 역
학적 평형을 이루고 있다고 본 것이다. 그러면서 그는 좀더 본질
적인 문제로 접근해간다.

태양 중심에서 나오는 열의 근원은 무엇일까?

이 물음에 대한 답으로 다양한 생각들이 개진되었다. 어떤 이

는 중력의 반작용이라고 말하는가 하면, 어떤 이는 방사능 물질 때문이라고도 했다. 그러나 에딩턴은 이러한 의견을 모두 일축하고, 열 에너지의 근원이 핵융합 반응에 기인한다고 주장했다.

태양 내부에는 가스가 가득하다.

그 가스의 4분의 3이 수소다.

수소, 수소라…….

그래, 그거야! 수소와 수소가 합쳐져 헬륨이 만들어지는 반응이야.

수소와 수소가 합쳐져 헬륨이 만들어지는 반응, 이건 핵융합 반응이 아닌가. 에딩턴은 이렇게 별의 에너지 근원을 핵융합 반응에서 찾음으로써 태양을 비롯한 우주의 모든 별이 오랫동안 자신의 크기를 유지하며 밝게 빛나는 이유를 밝힌 것이다.

에딩턴의 예측 3

에딩턴이 태양광의 회절 각도를 측정함으로써 아인슈타인의 일반상대성이론을 처음으로 증명한 후, 한 회견장에서 기자가 이렇게 물었다.

"일반상대성이론을 이해하고 있는 사람은 지구상에서 단 세 사람밖에 없다고 하는데 그게 사실인가요?"

그러자 에딩턴은 곧바로 이렇게 되물었다.

"세 사람이라구요…… 대체 그 세번째 사람이 누구지요?"

일반상대성이론을 이해하고 있는 사람은 자신과 아인슈타인밖에 없다고 감히 말할 수 있는, 도도하다 싶을 만큼 드높은 학문적 자신감, 이건 그냥 얻어지는 게 아니다. 그만한 업적을 쌓은 사람만이 누릴 수 있는 특혜인 것이다. 에딩턴의 이러한 자신감과 위엄은 당연히 별과 관련된 연구에도 그대로 이어진다.

에딩턴의 별 이론에 강한 거부감을 느낀 학자들이 물었다.

"핵융합 반응이 일어나려면 수만 도 정도로는 어림도 없을 텐데, 우리 별 내부가 그렇게 뜨거울 수 있다고 보진 않소."

에딩턴은 이에 개의치 않고 비판자들의 강변을 일축했다.

"말도 안 되는 이야기를 늘어놓는 당신들과 굳이 다투고 싶지 않소."

그러고는 이렇게 덧붙였다.

"다만 나는 '별 내부보다 더 뜨거운 곳이 있으면 한번 찾아내 보시오' 라고 당신들에게 묻고 싶을 뿐이오."

다소 오만해 보이기까지 한 답변이다. 하지만 이런 거만함 앞에 그 누구하나 반박다운 반박을 펴지 못했다. 20세기 초반의 천체물리학계에서 에딩턴의 위상은 가히 하늘을 찌를 정도였다. 그런 그의 한마디 한마디는 천체물리학의 진리 그 자체였다. 그의 지배적인 위상은 찬드라세카르와의 학문적 논쟁에서도 적나라하게 드러나는데 이에 대해서는 뒤에 이야기하겠다.

여하튼 에딩턴이 1916년부터 그 방면에 쌓아온 별에 관한 선구적인 업적은 실로 대단했다. 별이라고 하면 그저 동화 속 어린 왕자가 드나들며 노니는 곳으로만 여기고 있던 사람들에게, 별은 그런 낭만적인 장소가 아니라 '물리적인 언어로 명쾌히 풀어 낼 수 있는 장엄한 자연의 실체 중 하나' 라는 사실을 여실히 입증해 보인 것이다.

에딩턴은 다음과 같이 추론하여 태양의 내부 온도를 예측했다.

이런 사유과정을 통해 에딩턴이 끄집어낸 태양 중심부의 온도는 수백만 도였다. 현재 밝혀진 태양의 내부 온도 1500만 도 내외와는 다소 차이가 있는 값이지만, 천체물리학계의 형편이 현재와 결코 같을 수 없었던 당시에 그런 결과를 유추해냈다는 것만으로도 그의 업적은 충분히 높이 사고도 남음이 있다.

에딩턴의 예측 4

에딩턴은 천문 현상을 설명하는 데 현대 물리학 지식을 유용하게 적용한 사실상 최초의 천체물리학자였다. 그가 상상한 별 내부의 운동은 별의 운명과 곧바로 이어진다. 사고실험을 하자.

별이 무한정 열에너지를 방출할 수 있을까?

별의 에너지원은 수소이다.

별은 수소를 태워서 빛과 열을 방출한다.

이건 시간이 흐를수록 별 내부에 존재하는 수소의 양이 줄어든다는 뜻이다.

수소가 줄면 별이 내뿜는 열에너지도 그에 비례해서 감소할 터이다.

별이 수소를 불살라 열에너지를 내뿜는 과정은 수소 원자 네 개가 모여 헬륨 하나를 만드는 핵융합 반응이다. 이때 핵융합 반응 전과 후에 약간의 질량 차이가 나타난다. 그러니까 반응 후에 생긴 헬륨 원자 하나의 질량이 반응 전에 모인 수소 원자 네 개를 합한 것보다 약간 작다. 이 미세한 질량 차이가 에너지로 전환되어 발산하는 것인데, 이 핵융합 반응 하나에서 나오는 에너지의 양은 그리 크지 않지만 태양 내부에서 이와 같은 반응은 무수히 일어나기 때문에 그 총량은 어마어마해서 지구에까지 적잖은 에너지를 공급해주고 있는 것이다. 이것은 원자폭탄 에너지의 발생 근거가 되는 저 유명한 아인슈타인의 질량-에너지 등가 원리($E=MC^2$)로 산뜻하게 계산할 수 있다. 사고실험을 이어가 보자.

에딩턴은, 중력수축 과정은 무거운 별일수록 빠르게 진행된다고 보았는데 이유는 다음과 같다.

질량이 큰 별은 중력 또한 강하다. 더욱 강해진 중력에 맞서 역학적 평형 상태를 유지하기 위해서는 더 많은 열에너지를 밖으로 분출해야 한다. 이건 더 많은 땔감을 더 빨리 소모해야 한다는 얘기다. 연료가 빠르게 소진되었으니 중력수축은 그만큼 빠르게 다가오는 것이다.

그래서 다음과 같은 말이 나왔다. 굵은 건 짧고, 가는 건 길다. 무거운 별은 빨리 죽고, 가벼운 별은 오래 산다는 의미이다. 사고실험을 계속하자.

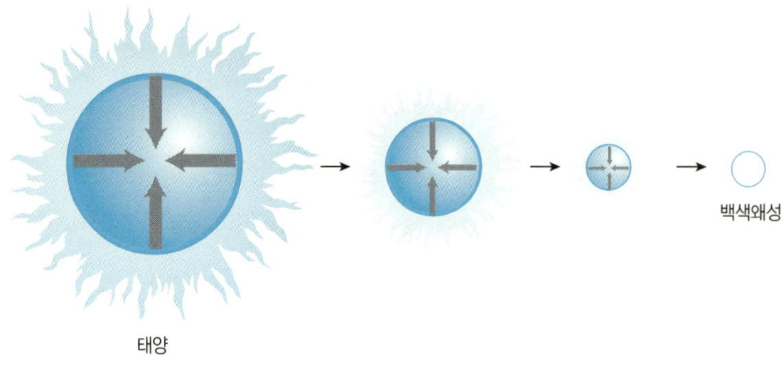

별의 중력수축

여기서 예측하는 더 수축하지 않는 작은 별을 백색왜성(白色
矮星, White Dwarf)이라고 한다. 백색왜성이란 흰색 난쟁이 별
이란 의미로, 붉게 타오르던 태양만 한 별이 식어서 종국엔 지구
만 하게 작아지는 별을 가리킨다.

지구보다 100만 배나 부피가 큰 태양이 지구만 하게 줄어든 격
이니 백색왜성은 엄청나게 수축한 별이다. 하지만 그렇다고 해
서 물질을 내버리고 줄어든 것은 아니다. 내부에 쌓인 물질은 그
대로 둔 채 꽉꽉 누를 대로 눌러서 줄인 것이기 때문에 밀도는
엄청나게 높아진다. 그래서 상식적으로 쉬 받아들이기 어려운
질량이 탄생하는데, 백색왜성을 구성하는 물질을 한 숟가락 정
도 떠서 재면 무려 10여 톤에 달한다.

여기까지가 에딩턴이 천체물리학적 이론을 동원해서 밝힌 별의 일생이고, 1920년대 말까지 오류 없는 진실로 받아들여진 별의 종말이다. 별의 삶이 이러한 궤적을 따르리라는 생각에 이의를 다는 사람은 없었다. 에딩턴의 위상으로 보거나, 논리 정연한 결론 도출 방식으로 보거나 하등 문제될 게 없어 보였다. 그러니 그 무렵 새로운 천체물리학 이론을 들고 와서 그에게 도전한다는 건 감히 상상할 수도 없는 일이었다. 그런데…….

찬드라세카르 한계

찬드라세카르는 배 안에서 생각에 잠겼다.

'별의 질량과 백색왜성이라…….'

찬드라세카르는 신학문을 배우기 위해 영국으로 향하는 중이었다. 대학을 갓 졸업한 그는 1930년 인도 정부의 장학생으로 선발되어 영국 케임브리지 대학원에서 별에 관한 깊이 있는 연구를 해볼 참이었다. 그는 이미 에딩턴이 쓴 『별들의 내부 구성 *Internal Constitution of the Stars*』을 철저히 탐독한 상태였다.

찬드라세카르는 대학생이었을 때 학교에서 주최한 양자론에 관한 논문 대회에서 우승을 차지했다. 우승 선물로 무얼 원하느냐는 질문에 그는 기다렸다는 듯이 도서관에 비치된 에딩턴의 저서 『별들의 내부 구성』을 갖고 싶다고 대답했다. 논문 대회 우

승으로 그는 장학생으로 선발되어 유학길에 오를 수 있었다.

『별들의 내부 구성』은 당시까지 밝혀진 별에 관한 최신 정보, 예를 들어 별의 압력과 중력, 별의 크기와 밝기 그리고 온도, 복사 에너지와 별 내부의 핵반응 과정 등이 상세히 기술된 천체물리학의 고전이었다.

"실로 경이로운 책이었습니다."

훗날 찬드라세카르는 에딩턴의 저서를 읽고 감명을 받아 이렇게 술회했다. 그는 『별들의 내부 구성』을 통해서 천체물리학의 최첨단 이론을 알차게 쌓았고, 적잖은 시일이 소요될, 영국으로 가는 뱃길에서 자신이 이해한 지식을 적용해보고자 했다.

'책은 별의 일생이 백색왜성 단계에서 끝난다고 말한다. 이것이 에딩턴의 생각이고, 대다수 천체물리학자들의 견해도 이와 같다. 그렇다면, 질량에 상관없이 별의 종착점은 백색왜성이 되어야 할 터인데…… 항해의 지루함도 잊을 겸 수리물리학적 방법으로 그 계산이나 한번 해보자.'

수리물리학적 방법이란, 간단히 말해서 물리학적 원리와 수학적 방법을 적절히 융합하는 거라고 보면 된다. 그러니까 이 경우라면 별에 관련된 물리학적 원리를 수학 방정식으로 바꾼 후, 이걸 풀어서 얻은 답을 해석해 의미를 파악한다는 얘기다. 일례로 별 내부의 압력은 중력에 저항해서 별의 크기를 유지해줄 뿐만 아니라 별 중심에서 일어나는 핵반응의 비율을 결정하는 등 무시 못 할 역할을 하는 주요한 인자(因子)이다. 그러나 실제로 이걸 측정할 수는 없다. 왜냐하면 온도가 천만 도 이상인 별 내부로 들어가서 직접 압력을 잰다는 건 불가능한 일이기 때문이다. 하지만 측정은 불가능해도 추정은 얼마든지 가능하다. 이때 수리물리학적 방법의 도움을 받는 것이다.

찬드라세카르는 배가 영국에 도착하기 전에 방정식을 산뜻하게 풀어냈다. 이 업적으로 그는 1983년 노벨 물리학상을 수상하게 된다. 이때가 1930년이었으니 약관의 나이에 그는 이미 천체물리학사에 영원히 남을 빛나는 업적을 세운 것이다.

그런데 방정식을 풀긴 풀었으나 결과가 이상했다. 에딩턴의 주장과는 달리, 모든 별이 다 백색왜성 단계에서 죽음을 맞이하는 건 아닐 듯싶은 답이 나온 것이다. 별의 질량이 태양의 1.4배보다 가벼우면 『별들의 내부 구성』에서 예측한 대로 종말을 맞이하지만, 그보다 무거우면 백색왜성으로서의 삶이 끝이 아니라는 결론이 나온 것이다. "태양 질량의 1.4배." 이것은 별의 일생을 새롭게 구분짓는 경계선이 되었다. 이것을 가리켜 찬드라세카르 한계(Chandrasekhar Limit)라고 한다.

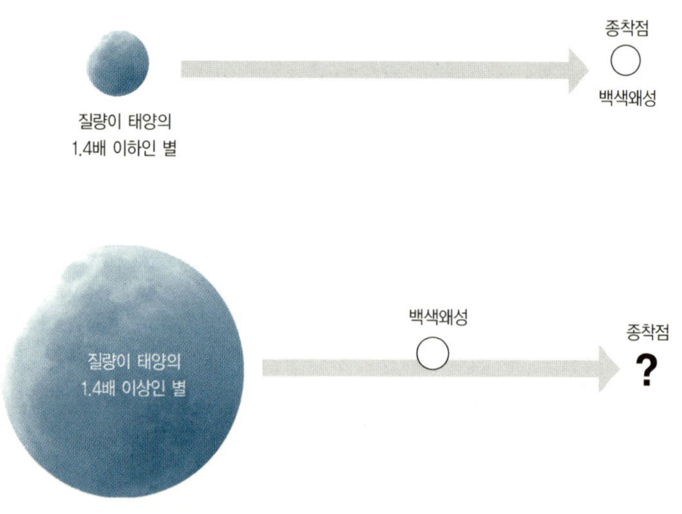

찬드라세카르 한계 이하인 별과 한계 이상인 별의 종착점

찬드라세카르 한계의 물리적 상태

태양 질량의 1.4배가량 되는 별이 더는 넘어설 수 없는 삶의
종착점, 이름하여 찬드라세카르 한계는 물리적으로 어떤 상태일
까? 사고실험을 하자.

언뜻 보기에 물질은 거의 빈틈이 없는 것처럼 보인다. 그러나
이건 어디까지나 물질 알갱이를 인간의 눈으로 본 거시적인 판
단일 뿐이지, 미시적인 관점으로 들어가서 바라보면 상황은 크
게 달라진다. 겉보기에는 별로 틈이 없을 것 같지만 물질 내부는
그야말로 텅 빈 공간 그 자체라고 보아도 무방하다. 사고실험을
이어가자.

메운다.

가스 분자는 원자로 연결되어 있다.

중력이 강하면, 그 힘은 분자 수준을 넘어 원자를 이어 붙이는 단계로 접어들 것이다.

중력이 원자 사이의 공간을 없애는 것이다.

원자는 전자와 원자핵으로 결합되어 있다.

원자 내부의 공간은 허허벌판이라고 해도 과언이 아니다.

원자핵은 원자 지름의 10만분의 1에 불과하다.

그리고 전자는 그러한 공간의 최외각을 돌고 있다.

10만분의 1이라는 원자핵 내부의 상황이 잘 그려지지 않는다면, 다음 비유를 생각해보자. 1미터짜리 원자핵이 서울시청 앞에 놓여 있다. 원자의 지름은 이보다 10만 배나 크니, 서울시청을 중심으로 한 반경 50킬로미터 내외의 지역이 원자의 외곽이 된다. 이 정도면 서울을 훌쩍 넘어서는 크기이다. 서울시청 한가운데에 원자핵이 있고, 경기도 언저리에 원자핵보다 월등히 작은 전자가 돌고 있는 상황이 바로 원자 내부의 상태인 것이다. 원자 내부가 얼마나 텅텅 비어 있는지 충분히 감 잡을 수 있으리라. 다시 사고실험으로…….

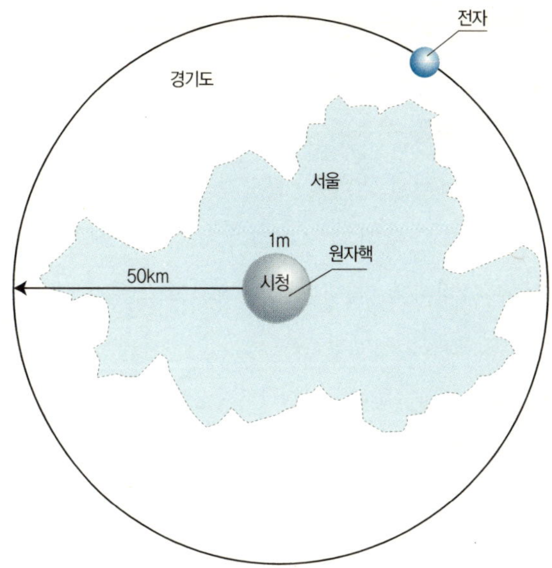

■■ 원자의 크기를 서울시 면적과 비교한 그림

원자와 원자를 압착하는 것 이상의 수축력이 별 내부에 작용하면, 전자와 원자핵의 거리를 좁히는 수축이 이어진다.

전자와 원자핵의 거리가 점점 가까워진다.

이내 별 내부의 가스 속 전자들이 매우 밀접하게 접근하는 상태에 이른다.

그러나 거기가 한계다.

중력에 의한 수축은 그 이상을 넘어서지 못한다.

중력수축은 전자끼리 작용하는 척력을 더는 이기지 못하고 그 상태에서 멈추게 되는 것이다.

전자는 음전하를 갖는다. 같은 전하를 띤 입자는 서로 밀치는 작용을 한다. 그래서 전자와 전자가 맞닿았을 때 척력(斥力)이 나타난다. 이 힘을 이기지 못하고 중력수축이 멈추는 한계가 찬드라세카르 한계이고, 에딩턴이 예측한 백색왜성 단계이다.

찬드라세카르와 에딩턴의 논쟁 1

당혹스러웠다. 찬드라세카르는 계산 과정에 실수가 있었던 게 아닌가 싶어 반복해서 검토하고 또 검토해보았다. 그러나 문제점을 발견할 수 없었다.

'이 결과를 어떻게 해석한다?'

찬드라세카르는 자신의 풀이에서 질량이 큰 경우 나타나는 결과가 대체 무슨 뜻을 담고 있는지 제대로 이해하지 못했다. 케임브리지 대학의 교수진도 그걸 보고 혼돈스러워하긴 마찬가지였다. 다만 그들은 혼란을 길게 끌고 가지 않고, 매몰차다 싶게 찬드라세카르의 결과를 무시하거나 외면했다. 찬드라세카르는 의기소침할 수밖에 없었다. 식민지 국민이 본국에 유학 가서, 그것도 세계적인 대가들에게 처음부터 냉대를 당했으니 그가 얼마나

위축되었을지 능히 짐작이 간다.

"솔직히 나는 그곳 사람들과 어울리질 못했습니다. 사람들이 모여 있는 데선 늘 무너져내리는 기분을 느끼거나 움츠러들기 일쑤였습니다. 박사학위를 받을 때까지 나는 그저 이방인에 외톨이일 뿐이었습니다."

그래서 찬드라세카르는 박사학위를 받을 때까지 항상 혼자 연구할 수밖에 없었다. 1933년 그는 박사학위를 받았다.

그런데 찬드라세카르가 박사학위를 받기 약 1년 전에 러시아의 물리학자 란다우(Lev Davidovich Landau)가 찬드라세카르가 발견한 것과 동일한 결과를 독자적으로 유도해냈다. 그러나 란다우도 찬드라세카르처럼 그 결과를 똑 부러지게 해석해내지는 못했다. 단 란다우는 중성자별을 예언하며 "이 결과는 상당히 의미심장하고, 진지하게 고찰할 필요성이 있지만 새로운 물리학이 나와야만 그 비밀이 밝혀지리라 본다"고 덧붙였다. 미국에 파인먼(Richard Phillips Feynman)이 있다면, 러시아에는 란다우가 있다고 할 만큼 그는 천재적이며 대중적인 물리학자이다. 란다우는 1962년, 파인먼은 1965년 노벨 물리학상을 수상했다.

찬드라세카르는 학위를 받고 나서 지도교수를 찾아갔다.

"교수님, 제가 영국에 더 머무를 수 있는 기회가 있을까요?"

"트리니티 칼리지에서 연구비를 지원해주는 특별연구원을 모집중이네. 그러나 큰 기대는 하지 말고 지원해보게나."

교수의 말대로 찬드라세카르는 욕심을 버리고 지원서를 제출했다. 그리고 인도로 떠날 채비를 다 갖추고 정거장으로 향하기 전에 대체 누가 선발되었나 살펴보기 위해 학교에 잠깐 들렀다. 그런데 웬걸, 그의 이름이 선발자 명단에 들어 있는 게 아닌가!

'이제부터 내 인생도 달라지는 거야.'

가슴 벅찬 환희가 찬드라세카르의 온몸을 뜨겁게 감쌌다.

'난 이제 케임브리지의 일원이 되었어. 그들과 함께 식탁에 앉을 수 있게 된 거야. 하루하루 일상에 대해 이야기하고 자기가 연구하는 것을 토론하고 벗으로 사귈 사람을 만날 수 있게 된 거라고.'

찬드라세카르는 자신감을 얻었다. 박사학위를 받기 전, 그는 늘 기가 죽어 있었고 자신의 연구를 확신하지 못했다. 그러나 찬드라세카르는 이제 달라졌다. 질량이 큰 별에 대한 연구가 커다란 발견으로 이어지리라는 데 더는 의심을 품지 않았다.

찬드라세카르와 에딩턴의 논쟁 2

1934년 1월의 한 학술 모임. 여기에서 4, 5년 동안 찬드라세카르와 에딩턴의 논쟁, 아니 논쟁이라기보단 한쪽이 일방적으로 당하는 상황이 시작된다.

찬드라세카르가 별의 질량과 일생에 관한 논문을 발표하고 내려왔다. 그러자 에딩턴이 곧바로 발표자로 나섰다.

"방금 찬드라세카르 씨가 설명한 내용은 완전히 잘못된 이론입니다."

에딩턴은 다소 빈정거리는 어투로 잘라 말했다.

모임이 끝나자, 회의 참석자들이 찬드라세카르에게 다가왔다.

"참으로 안됐군요."

애당초 그들은 찬드라세카르와 에딩턴의 주장 중 누구의 것이 더 진리에 가까운 것인가를 가리려는 의도가 없었다. 그 누구도 감히 넘볼 수 없는 지배적인 위치를 점하고 있던 에딩턴의 생각은 당시 천체물리학계의 교리 그 자체였던 것이다.

1935년도의 천문학회 모임에선 사건이 벌어졌다. 에딩턴은 장장 한 시간여에 걸친 강연을 했는데, 그 대부분이 찬드라세카르의 이론에 대한 잔혹한 비판이었다. 철저히 무시하는 어투로 무장된 에딩턴의 공세에 찬드라세카르는 고개를 들지 못할 정도로 놀림감이 되어버렸다. 참다못한 찬드라세카르가 사회자에게 쪽지를 건넸다.

"나에게도 반박할 기회를 주시오."

그러나 사회자의 답변은 짧고 간단했다.

"여러모로 그러지 않는 게 좋겠소."

사태가 회복불능일 때 우리는 흔히 '묵사발'이란 용어를 쓴다. 대꾸할 기회조차 갖지 못한 채 처절한 공격을 당하고, 회의에 참석한 여러 학자들에게 연민의 눈길을 받아야 했던 그날의 찬드라세카르를 표현하는 데 '묵사발'이란 단어만큼 적절한 건 없었다.

훗날 찬드라세카르는 이렇게 회상했다.

"내가 박사학위를 받고 특별연구원으로 재직하던 당시 에딩턴은 종종 내 방에 들러서 백색왜성에 관한 연구가 잘 되어가는지 살피고 갔습니다. 그는 내 계산에 깊은 관심을 보였으며, 그 결과를 몹시 궁금해했습니다. 그렇게 시간은 흘러갔고 어느덧 왕립천문학회가 다가왔습니다. 나는 학회에서 심혈을 기울인 연구를 발표할 예정이었습니다. 그런데 발표 순서를 보니까, 에딩턴이 나 다음에 발표를 하게 되어 있더라고요. 기분이 영 좋질 않았습니다. 내 방을 그렇게 열심히 드나들었지만 그는 자신의 연구에 대해선 일절 언급이 없었거든요. 아니나 다를까 결과는 예측한 대로였습니다. 나는 또다시 처절히 망가진 거죠. 내가 내려가자마자 곧바로 연단에 오른 에딩턴은 내 논문에 대해 '기본조차 갖추지 못한 이론이지요' 라며 비아냥거렸고, 그럴 때마다 방청석에선 조소가 흘러나왔습니다."

1938년의 국제회의에선 또 다음과 같은 일이 있었다. 이즈음은 찬드라세카르의 생각에 동조하는 사람들이 더러 보이기 시작했다.

한 참석자가 물었다.

"에딩턴 선생님, 이제는 백색왜성에 관한 다른 생각에 무조건 거부만 해선 안 된다는 견해가 있는데 어떻게 생각하십니까?"

에딩턴이 날카롭게 대답했다.

"백색왜성에 관한 이론은 절대로 둘일 수가 없습니다."

에딩턴의 이러한 반응에 찬드라세카르가 벌컥 화를 내며 입을 열었다.

"어째서 이론이 둘이 아니란 겁니까? 지난번에 저와 선생님이 케임브리지에서 디랙 등과 토론할 때 그들은 당신의 이론에 대해 동의하지 않는 대신 내 의견이 옳은 듯싶다고 얘기하지 않았습니까?"

그러자 사회자가 황급히 끼어들었다.

"이상으로 오늘의 회의를 마치겠습니다."

참고로 디랙은 양자역학의 체계를 갖추는 데 큰 공헌을 한 물리학자로 상대론적 양자역학 분야를 개척하여 반입자(anti-particle)를 예견하였다. 그는 제자를 많이 받지 않은 걸로 유명한데 그중 한 명이 시아마(Dennis W. Sciama)로 블랙홀의 대가 호킹의 스승이다.

에딩턴이 바위라면 찬드라세카르는 계란이었다. 계란으로 바위를 계속 쳐봐야 부서지는 건 계란뿐, 바위는 꿈쩍도 하지 않는다. 찬드라세카르는 아무런 지지도 받지 못했고, 결국엔 백색왜성에 관한 연구를 포기하는 수밖에 없었다.

"그때의 일을 회상하면 나 자신이 분쇄되지 않은 게 정말 신기할 정도였습니다."

찬드라세카르는 1936년 영국을 떠나 미국으로 건너가 시카고 대학의 교수가 되었다. 1940년 아버지에게 보낸 편지에 그는 이렇게 적고 있다.

"천체물리학자와 천문학자는 예외 없이 제가 틀렸다고 믿고 있습니다. 그들은 저를 에딩턴을 죽이려는 돈키호테쯤으로 여기는 것 같습니다. 아버지도 충분히 짐작하시겠지만, 지난 일련의 사건은 저로서는 너무도 감당하기 힘든 진이 빠지는 경험이었습니다. 독보적 지위를 누리고 있는 거장과 논쟁으로 맞대결하고 나서 저에게 돌아온 건 따돌림뿐이었습니다. 저는 어떻게 처신해야 할지 빨리 마음의 결정을 내려야 했습니다. 남은 인생을 싸움만 하다가 허송세월할 수는 없으니까요. 만약 제 생각이 그르지 않다면 언젠가는 진실이 밝혀질 테니까요. 더구나 에딩턴과 논쟁을 시작한 무렵 전 20대 중반이었으니까, 관심 분야를 바꾸고 얼른 다른 쪽에 몰두하는 게 현명하다는 생각을 했습니다."

찬드라세카르는 1953년에 미국 시민권을 얻었다. 이후 백색왜성에 관한 그의 초기 연구로 노벨 물리학상을 수상(1983년)하여 천체물리학 분야의 신화적인 존재가 되었다.

4

중력붕괴와 블랙홀의 탄생

찬드라세카르는 백색왜성에 관한 연구를 어쩔 수 없이 접으면서 풀지 못한 숙제를 강한 어조로 남겨놓았다.

"전자와 전자의 반발력이 깨지는 상황이 발생하면 어떤 일이 일어날 것인가?"

찬드라세카르는 전자와 전자의 밀치는 힘이 별의 중력에 대항할 수 있는, 더 무너지지 않는 최종 방어벽이 될 수 있느냐고 물은 것이다. 다시 말해 전자의 척력은 별의 질량이 아무리 증가한다고 해도 능히 견딜 수 있는 철옹성을 구축할 수 있느냐고 묻고 있는 것이다.

그러면서 찬드라세카르는 이렇게 덧붙였다.

"별 내부의 구조를 분석하려는 작금의 천체물리학은 이 근본적인 질문에 대한 답을 얻지 못하면 더는 진전을 기대하기 어려울 것이다."

에딩턴의 딜레마 1

앞 장(찬드라세카르 한계와 중력붕괴)에서 우리는 에딩턴의 살기 어린 기세를 엿보았다. 하지만 그의 실제 사람됨은 이와는 딴판이다. 그는 1930년 그러니까 찬드라세카르가 영국에 유학 간 해에 기사 작위를 받았다. 그래서 그의 이름에는 경(Sir)이라는 단어가 붙는다. 에딩턴 경(Sir Eddington), 이렇게 말이다. 그만큼 그의 공적은 대단한 것이었고 '에딩턴 경'은 영국을 대표하는 신사 중의 신사였다.

에딩턴은 찬드라세카르와 윔블던 테니스 결승전을 함께 보러 가기도 하고, 찬드라세카르가 결혼하자 그들 부부를 초대해서 자신의 여동생과 함께 차를 마시기도 했다. 에딩턴은 독신으로 살았다. 1935년 왕립천문학회 모임 후에는 에딩턴과 찬드라세카르가 함께 자전거 여행을 떠나기도 했는데, 어느 날인가는 에딩턴이 찬드라세카르에게 지도 한 장을 보여주었다. 그건 누구에

게도 보여준 적이 없었던 것으로, 에딩턴의 자전거 여행의 자취
와 감상을 세세히 기록해놓은 여행기였다.

훗날 찬드라세카르는 이렇게 회상했다.

"에딩턴 선생님이 여행중에 저한테 편지를 보내주신 적이 더
리 있었습니다. 나에게만 알려주었던 그만의 독특한 여행 기록
법으로 편지를 보내주었는데, 그걸 보면 가슴이 뭉클해지곤 했
습니다."

한번은 회의석상에서 독설을 퍼부은 에딩턴이 만찬회장에서
혼자 외롭게 구석에 처박혀 있는 찬드라세카르에게 조용히 다가
왔다.

"오늘 아침에 너무 기분 나쁘게 한 건 아닌지 모르겠소."

"선생님은 아직도 선생님의 이론이 틀렸다고 생각하지 않으시죠?"

찬드라세카르가 다소 상기된 억양으로 되받았다.

"그렇소."

"그렇다면 사과할 일이 뭐가 있겠습니까?"

이 말에 에딩턴은 찬드라세카르를 잠깐 쳐다보고는 만찬회장 중앙으로 사라졌다. 그후 두 사람은 다시는 대화를 나누지 못했는데 찬드라세카르는 이를 두고두고 후회했다.

"그땐 제가 어린 마음에 너무도 격해 있었던 것 같습니다. 제가 굉장히 무례했어요. 어른인 그가 먼저 다가와서 마음을 풀길 바란다며 사과를 해왔는데 못난 나는 어리석게도 그걸 받아주지 않았던 겁니다."

에딩턴은 1944년 세상을 떠났다.

에딩턴의 딜레마 2

에딩턴은 누구보다 명예를 소중히 여긴 학자였다. 그렇다고 그가 무소불위의 권위를 내세워 자신의 명예만을 지키려 든 건 절대 아니었다. 그는 단지 자신의 판단이 옳다고 확신해 찬드라세카르의 의견을 받아들이지 않았던 것이다. 에딩턴은 진실을 가려야 할 때는 독설을 마다하지 않았을 뿐이다.

저 사람은 잘 아는 사이니까, 저분은 나보다 연장자이니까, 이론이 틀렸더라도 좋은 게 좋다는 식으로 유야무야 넘어가선 결코 학문의 발전을 기대할 수 없다. 그러나 상대의 인격까지 모독해가면서 짓누르는 것이 괜찮은 토론법이라고 말하는 건 아니다. 다만 학자라면 모름지기 옳고 그름을 가릴 땐 서슬 퍼런 칼날과 같아야 한다는 말이다.

다소 지나친 측면이 있었으나 에딩턴은 분명 진실한 학자였다. 솔직히 찬드라세카르의 이론에 대한 에딩턴의 과격한 반응은 어찌 보면 당연한 것이었다. 그만큼 백색왜성 너머의 세계는 수용하기 쉽지 않았던 것이다.

에딩턴의 고민을 사고실험으로 들여다보자.

별이 중력수축한다.
중력이 너무 강해서 백색왜성 상태조차 견디기가 어렵다.
별은 더욱 찌부러진다.
이러한 상황이 어디까지 이어질 거란 말인가?
찌부러지고, 찌부러지고 또 찌부러지고
그 찌부러짐의 끝이 도대체 어디란 말인가?
결국엔 점 하나로 줄어들 게 아닌가.

여기서 말하는 점이란 그야말로 점이다. 넓이와 부피가 없는 수학적인 점이다. 사고실험을 이어가자.

물론 이에 대한 에딩턴의 답은 당연히 '가능하지 않다' 는 것이었다. 사고실험을 계속하자.

그렇다. 현대과학을 튼튼히 지탱해주는 굳건한 뿌리 중 하나는 보편타당성이다. 누가, 언제, 어느 곳에서 실험을 하더라도 관측과 측정이 항시 가능해야 하고, 늘 똑같은 결과를 얻을 수 있어야 한다. 그런데 백색왜성 너머의 궁극적 세계는 그와는 거리가 멀어도 너무 먼 비현실적인 세계이다.

어떤 이는 사후세계가 있다고 믿는다. 그리고 환생이 가능하다고 보는 사람도 적지 않다. 그러나 대다수는 이걸 단호하게 거부한다. 왜냐하면 그것을 검증할 방법이 없기 때문이다. 그래서 우리는 이것들을 아직은 과학으로 쳐주지 않는다.

찬드라세카르 한계에 대한 에딩턴의 시각도 이와 마찬가지라고 보면 된다. 설령 백색왜성 너머에 무언가 있다손 치더라도 관측 불가능한 현상은 아무런 의미가 없다는 것이 그의 생각이었다. 더불어 일반상대성이론을 발표한 아인슈타인도 무한히 수축하는 천체에 대한 견해는 에딩턴과 다르지 않았다.

그건 그렇고, 에딩턴은 찬드라세카르가 별의 진화에 관한 이론을 발표하기 훨씬 이전에 이와 비슷한 딜레마에 빠진 적이 있었는데…….

에딩턴의 딜레마 3

에딩턴이 맞닥뜨린 딜레마는 별이 식은 다음에 나타나게 될 상황을 어떻게 극복하느냐 하는 것이었다.

별은 결국 식는다.
에너지원이 언젠가는 고갈될 것이기 때문이다.
이때 별의 역학적 평형 상태는 어떻게 될까?
태울 가스가 점차 소진되어가고 있으니 중심에서 밖으로 뻗치는 힘은 몰라보게 약해질 것이다.

이건 압력이 중력의 세기에 굴복한다는 의미이다.

중력이 다른 힘을 누르고 득세하면 수축은 필연이다.

별 내부에서 중력수축이 다시 시작되는 것이다.

중력수축을 그대로 방치해야만 하는 걸까?

그걸 막을 방도는 없는 걸까?

중력수축의 끝은 대체 어디란 말인가?

무한히 수축할 수 있단 말인가?

이와 같은 결론에 이르자 에딩턴은 소스라치게 놀랐다.

'가당치 않은 일이야. 별이 무한히 수축해서 한 점으로 줄어든다는 건…… 불가능한 일이야.'

충격에 휩싸인 에딩턴은 도리질만 해댔을 뿐 마땅한 해답을 내놓진 못했다. 그가 이 충격에서 벗어날 수 있는 길은 다음과 같은 말로 안위하는 것뿐이었다.

'자연에는 분명히, 이와 같은 불합리한 방식으로 별이 파멸하는 걸 막아주는 법칙이 있을 거야. 단지 우리가 그 비밀의 문을 발견하지 못했을 뿐이야.'

찬드라세카르가 영국으로 건너가기 이전에 에딩턴은 이런 중차대한 고민에 빠져 있었다. 좀처럼 헤어나지 못할 듯싶은 이 딜레마를 산뜻하게 해결해주는 실마리가 발견되었으니 바로 축퇴압력(Degeneracy Pressure)이다.

축퇴압력 1

축퇴압력 현상이 밝혀진 건 1920년대 후반이었다.

기체의 압력이란 무엇인가?

기체가 밀치고 누르는 힘이다.

그러니 기체가 빠르게 움직일수록 압력은 더욱더 강해질 터이다.

기체의 속도는 온도를 높이면 증가한다.

열을 받았으니 흥분하는 건 당연하다.

여기까지가 고전물리학이 밝혀낸 사실이다. 이 상황을 역으로 돌려보자.

온도를 낮춘다.

기체의 재빠른 움직임이 서서히 가라앉는다.

기체의 속도가 느려진다.

따라서 압력이 줄어든다.

절대온도 0도는 내려갈 수 있는 최저 온도를 말한다. 섭씨로 환산하면 영하 273도에 해당한다. 참고로 우주의 평균 온도는 절대온도로는 3도 내외, 섭씨로 따지면 영하 270도 내외로 알려져 있다. 사고실험을 이어가자.

이것이 19세기까지 물리학이 밝힌 열과 기체의 운동론이다. 즉, 절대온도 0도에선 모든 기체 입자가 정지해버리는 탓에 압력이 생길 수 없다는 것이다. 그러나 미시세계로 들어가면 새로운 압력이 생기게 되는데…….

사고실험을 계속하자.

> 백색왜성 단계의 수축은 원자 수준 이하의,
>
> 이름하여 미시(微視, Microscopic)세계의 영역이다.
>
> 여기에선 고전물리학이 아니라
>
> 새로운 물리학이 필요하다.
>
> 미시세계의 물리학이라면 양자역학이 있다.

미시세계에서 고전물리학의 원리가 통하지 않는 건 우리가 일상에서 경험하는 상식적인 판단이 허락되지 않기 때문이다. 원자 내부는 너무도 작고 가벼운 입자들의 공간이어서 일상에선 무시해도 될 만한 극히 미미한 충격으로도 속도와 위치가 현격히 변한다. 그런데 이 작은 차이를 오차쯤으로 치부해버렸다간 미시 현상의 올바른 규명은 요원해진다. 그래서 원자 속 입자의 운동을 고려할 때는 새로운 이론이 필요한데 그중 대표적인 것이 하이젠베르크의 '불확정성 원리(Uncertainty Principle)' 이다. 그는 이렇게 주장했다.

"작은 입자, 예를 들어 전자의 위치와 속도를 동시에 정확하게 측정하는 건 불가능하다."

이것이 불확정성 원리이다. 그러니까 전자의 위치나 속도 중
정확히 측정할 수 있는 건 둘 가운데 하나뿐이라는 것이다. 이
원리를 기억하면서 사고실험을 이어가자.

별이 식어서 절대온도 0도에 이르렀다.

고전 열역학이론에 따르면, 이 상태에선 결코 움직임이 있을
수 없다.

그래서 온도가 변하지 않는 한, 물체는 한 곳에 영원히 정지
해 있게 되고, 우린 이걸 정확히 측정할 수 있다.

그러나 별 내부의 가스 속 전자는 사정이 다르다.

그곳은 미시세계의 영역이기 때문이다.

절대온도 0도에서 전자의 위치가 고정되었다고 하자.

그러면 전자의 속도는 정확히 측정할 수 없게 된다.

왜냐하면 불확정성 원리에 따르면 미시세계에선 어떠한 경우에도 위치와 속도를 정확히, 그리고 동시에 측정할 수는 없기 때문이다.

다시 말해 전자의 위치가 명확히 정해졌으니 속도는 그만큼 불확정적일 수밖에 없는 것이다.

그래서 전자는 멈추어 있질 못하고 자연스레 이리저리 요동치게 된다.

요동친다는 건 밀치고 누르는 힘이 작용한다는 거다.

밀치고 누르는 힘은 무엇인가?

압력이다.

그렇다. 별이 식어서 절대온도 0도에 이르러도 압력은 사라지지 않고 여전히 존재하는 것이다.

이것이 축퇴압력이다.

고전물리학에 따르면 절대온도 0도에선 압력이 절대로 발생할 수 없다. 그러나 양자론에 따르면, 절대온도 0도가 되어도 미시세계에선 불확정성 원리에 따라 필연적으로 요동이 생길 수밖에 없고 그것이 압력으로 나타나는데 이것이 축퇴압력인 것이다.

앞에서 백색왜성은 전자끼리 작용하는 척력으로 평형 상태를 유지한다고 했는데, 이것과 '전자 사이의 축퇴압력'은 같은 상황을 단어만 달리 표현한 것이라고 보면 된다. 그러니까 백색왜성은 전자 사이의 축퇴압력과 중력이 평형을 이룬 별이다.

전자 하나의 축퇴압력은 극히 미약하다. 그러나 별 내부에는 가스가 무수히 존재하니 전자 또한 무수하다. 그 전자들 하나하나가 작으나마 조금씩 전후좌우 사방으로 움직이면서 밀치고 누르는 힘을 모으면 적잖은 힘이 되어 무지막지한 중력과 맞먹게 된다.

별이 식은 다음에 곧바로 다가올 중력수축이라는 딜레마에 빠졌던 에딩턴을 구해주었던 건 바로 이 전자의 축퇴압력이었던 것이다.

축퇴압력 3

전자의 축퇴압력이 혼돈에 빠진 에딩턴을 구해주긴 했으나 그가 간과한 것이 있었으니…….

축퇴압력은 극도로 좁아진 공간에서 꾹꾹 눌린 입자 사이에 자연스레 생기는 압력이다.
그런데 축퇴압력이 전자 사이에만 존재한다고 보는 건 무리가 있을 터이다.

여기서 우린 이런 의문을 던질 수밖에 없다.

"에딩턴은 이들 입자 사이에 작용하는 축퇴압력을 왜 몰랐을까, 아니면 알고도 무시한 걸까?"

나중에는 알고도 무시했는지 모르겠으나, 1920년대 말까지는 몰랐다고 보는 편이 합당할 것이다. 왜냐하면 1920년대까지 밝혀진 미시세계에는 전자와 원자핵만 존재했기 때문이다. 원자핵 내부에서 중성자를 발견한 건 1932년이었다. 중성자는 영국의 물리학자 채드윅(James Chadwick)이 발견했는데, 그는 이 공로로 1935년 노벨 물리학상을 수상했다.

중성자 사이에 작용하는 축퇴압력, 이걸 에딩턴이 간과한 것인데 중성자 발견 이후 몇몇 물리학자가 이에 대한 예측을 곧바로 내놓았고, 1930년대 말 오펜하이머와 그의 제자들이 일반상대성이론을 적용해 그 과정을 상세히 밝혀냈다.

오펜하이머와 1939년 9월 1일

채드윅이 중성자를 발견했다는 보도가 나온 며칠 뒤 란다우는
이렇게 말했다.

"우주에 존재하는 수많은 별들 가운데 어떤 것은 중성자로만
이루어져 있을지도 모른다."

그러나 란다우는 이에 대한 연구를 진척시키지는 않았다. 중
성자별을 언급한 최초의 논문은 1934년 바데(Walter Baade)와
츠비키(Fritz Zwicky)가 발표했다. 그들은 권위 있는 물리학 학
술지인 『물리학 리뷰*The Physical Review*』에 이렇게 써놓았다.

초신성(Supernova)은 일반 별이 중성자별로 전환한다는 것을
암시하는 강력한 증거이며, 그 과정의 마지막 단계는 온통 중성자
로만 채워진 극도로 응축된 상태일 것이다.

그러나 바데와 츠비키도 중성자별에 대한 연구를 이 이상 진
전시키진 않았다. 중성자별의 내부 구조를 상세히 알아낸 건 오
펜하이머의 공이었다.

오펜하이머는 찬드라세카르의 연구에 굉장한 흥미를 느끼고
있었다.

'찬드라세카르는 태양 질량의 1.4배보다 가벼운 별은 백색왜

성으로 삶을 마감한다는 결과를 보여주었다. 그러나 그 이상에
대해선…….'

오펜하이머는 그의 지도를 받고 있던 대학원생 볼코프(George
Michael Volkoff)를 불렀다.

"아직까지 찬드라세카르 한계 이상의 질량을 갖는 별이 어떤
식으로 최후를 맞는지 구체적으로 언급한 논문은 보이지 않는데
자네가 한번 연구해보게나. 그리고 나와 함께 토론해보자고."

볼코프는 태양 질량의 1.4배에서 3.2배 사이의 질량을 갖는 별
에 대해서 계산했다. 결과는 놀라웠다. 백색왜성의 역학적 평형이
삽시간에 깨지면서 새로운 붕괴가 다시 시작되었다. 전자의 축퇴

압력이 더는 안정적인 역할을 수행하지 못했다. 전자의 축퇴압력은 미시세계 속 압력의 마지노선이 아니었다. 별 내부의 전자가 어마어마한 세기의 중력수축을 이기지 못하고 원자핵 속으로 쑥 밀려들어가더니 양성자와 결합해 중성자로 변하는 것이었다.

전자(electron) + 양성자(proton) → 중성자(neutron)

이와 같은 반응으로 새롭게 만들어진 중성자가 원자핵 속에 이미 존재하는 기존의 중성자와 합쳐져 원자 내부는 온통 중성자로만 꽉 채워진 초고밀도의 중성자별(neutron star)이 탄생하게 된다. 중성자별은 중성자끼리의 축퇴압력이 어우러져 역학적 평형을 이루는 별로서 크기는 손톱만 해도 무게가 약 10억 톤이나 나가는 가공할 만한 천체이다.

오펜하이머와 볼코프는 이 결과를 1939년 『물리학 리뷰』에 「무거운 중성자 핵에 관하여」라는 제목으로 발표했다. 논문에 대한 천체물리학계의 반응은 대단했다. 하지만 오펜하이머는 별의 비밀을 더 알고 싶어했다.

'이것이 끝일까?'

별의 종착지가 중성자별인지를 자문한 것이다.

'별의 미래상을 단언은 못 하겠다. 하지만 볼코프는 별의 질량이 태양의 3.2배보다 무거운 경우에 대해선 고려하지 않았다. 그

이상의 별은 최종 목적지가 어디일까?'

오펜하이머는 또다른 대학원생인 스나이더(Hartland Snyder)에게 이 작업을 맡겼다. 결과는 놀라움을 넘어 경악을 금치 못하게 하는 것이었다.

'이거 끝이 어디야?'

별은 한없이 중력수축을 했다. 별의 쪼그라듦을 막을 수 있는 방패막이는 없었다. 오펜하이머는 한동안 벌어진 입을 좀체 다물지 못했다.

별은 중력반지름에 가까워지면서 광속에 가까운 속도로 무너져내렸다. 이 상황은 수축이라는 용어가 부적절할 만큼 무너져내리는 속도가 가히 상상을 초월했다. 그래서 중성자별 너머의 쪼그라든 상태를 '중력붕괴(Gravitational Collapse)'라고 부른다. 좀더 자세히 표현하면, 이 상황은 그 붕괴가 광속에 가까운 속도로 순식간에 이루어지기 때문에 '상대론적(Relativistic) 중력붕괴'라고 말한다.

오펜하이머는 이 같은 결과를 1939년 9월 1일 『물리학 리뷰』에 「계속적인 중력수축에 관하여On Continued Gravitational Contraction」라는 제목으로 발표했다. 이날은 블랙홀의 이론적 근거가 완성된, 천체물리학사에서 의미심장한 날이기도 하지만, 세계사적으로도 중요한 분기점을 이룬 날이다. 히틀러의 군대가 폴란드를 침공하면서 제2차 세계대전이 발발한 것이다.

블랙홀 시대의 여명과 퀘이사

5

1939년 9월 1일 이후

히틀러의 의도대로 세계대전이 터졌고, 내로라하는 전 세계의 물리학자들이 원자폭탄 개발에 참여했다. 블랙홀 연구의 기반은 별이고, 별 연구의 근간은 핵물리학이기 때문에 오펜하이머를 비롯하여 당시 블랙홀 연구에 매진한 물리학자들은 원자폭탄 개발에 자의 반 타의 반으로 참여하게 되었다.

제2차 세계대전이 중반에 이르렀던 1942년 1월 현존하는 최고의 이론물리학자이며 블랙홀 연구의 권위자인 스티븐 호킹이 영국 옥스퍼드에서 태어났다. 1955년 4월 18일에는 일반상대성이론의 창안자인 아인슈타인이 사망했다.

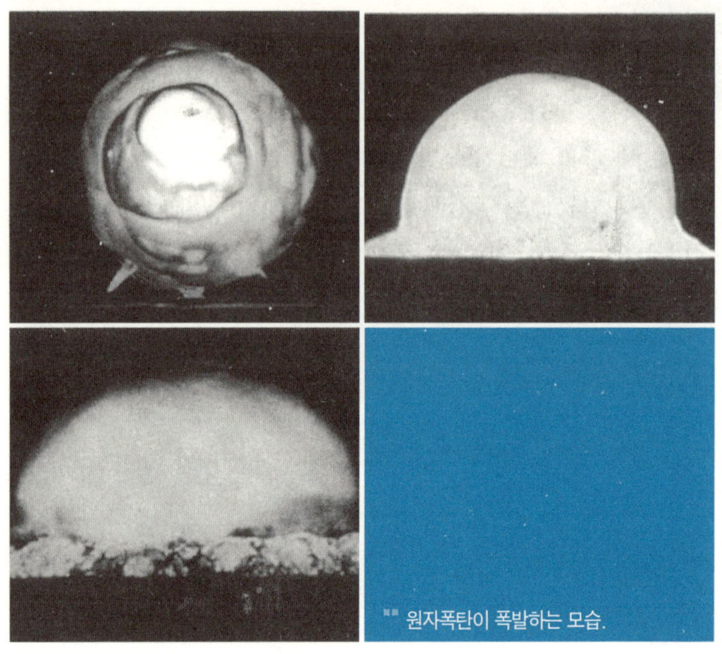

그리고 3년 후 벨기에의 수도 브뤼셀에서 우주론 국제회의가 열렸다. 당시 오펜하이머는 아인슈타인이 명예교수로 재직했던 프린스턴의 고등학술연구소장으로 있었고, 휠러(John Wheeler) 는 프린스턴 대학의 물리학 교수로 재직중이었는데 두 사람은 붕괴하는 별에 대해 이견을 보였다.

휠러가 발표자로 나섰다.

"일반상대성이론이 예측하는 별의 운명에 관한 문제는 흥미롭습니다. 그러나 1939년 오펜하이머가 기술한 별의 붕괴 과정은

중력이 무한대인 별에 최초로 '블랙홀'이라는 이름을 붙인 존 휠러

다소 설득력이 떨어진다고 봅니다."

그러자 오펜하이머가 화들짝 놀라며 반문했다.

"설득력이 떨어지다니요? 태양보다 월등히 무거운 별이 무지막지한 중력붕괴 과정을 거쳐야 한다는 건 일반상대성이론으로 충분히 예견되는 결과입니다."

"오펜하이머 씨, 당신의 예측은 너무나도 이상적입니다. 별 내부에서 발생하는 수축 과정은 핵융합 반응과 그로 인한 충격파와 열복사가 난무하는 그야말로 예측 불가능한 현상입니다. 당신이 주장하는 무한한 중력붕괴는 비현실적이란 말이지요."

몇 년 후, 수소폭탄의 아버지 텔러가 휠러에게 연락을 했다.

"컴퓨터를 이용해 별의 붕괴 시뮬레이션 실험을 해보았는데, 오펜하이머 씨의 말대로 중력붕괴가 가능하다는 결론이 나왔습니다."

"그렇군요. 그가 옳았군요."

휠러는 학술회의에서 자신의 계산이 잘못되었음을 시인했고 오펜하이머의 연구를 입에 침이 마르도록 칭찬했다.

"태양보다 상당히 무거운 별에 대한 컴퓨터 시뮬레이션은 오펜하이머와 스나이더가 계산한 이상적인 결과와 아주 비슷하게 진행된다는 걸 보여주었습니다."

그러나 그 무렵 안타깝게도 오펜하이머는 별의 중력붕괴 현상에 더는 관심을 두지 않았다. 당시 미국 사회에 광풍처럼 불어닥친 매카시즘이라는 정치적인 음모에 오랫동안 시달린 탓이었다. 핵물리학은 이제 그의 관심을 끌지 못했다. 아니, 그는 이제 인생 자체에 회의를 느끼기 시작했다. 명상서가 그의 주요한 삶의 벗이었다.

반면 휠러는 그후로 이론물리학의 새 장을 여는 선봉장이 되었다. 그가 공동 저자(다른 저자는 찰스 미즈너Charles W. Misner와 킵 손Kip S. Thorne)로 참여한 저서 『중력Gravitation』은 상대론 연구자들의 전문서로서 일반상대성이론을 해설한 명저로 꼽힌다.

　1969년 뉴욕에서 열린 우주 물리학회에서 휠러가 발표자로 나섰다.

　"나는 무한히 중력붕괴를 일으킨 별이란 용어가 마음에 들지 않습니다. 이제부터는 완전히 붕괴한 거대한 별을 블랙홀(Black Hole)이라고 부르겠습니다."

　이렇게 해서 휠러는 블랙홀의 최초 명명자가 되었다.

　블랙홀의 반응은 곧바로 나타났다. 무한히 중력붕괴를 일으키는 별은 그다지 대중의 관심을 불러 모으지 못했지만, 블랙홀이란 이름은 당장 사람들의 이목을 집중시킨 것이다. 일반상대성이론이 담고 있는 의미가 무엇인지, 별의 붕괴 과정이 어떻게 이루어지는지는 몰라도 블랙홀이란 용어는 삽시간에 모든 사람의 입에 오르내리게 된 것이다. 블랙홀을 소재로 한 과학소설과 교양과학 책이 쏟아져 나왔고, 심지어 일상을 다룬 드라마와 영화에까지 블랙홀이란 용어가 삽입되기에 이르렀다. 블랙홀 같은 사랑, 블랙홀로 빠진 연인, 영원한 사랑 블랙홀, 블랙홀에서 천생연분을…… 대중매체는 온통 블랙홀로 들썩거렸지만 블랙홀의 의미에 대해 아는 사람은 그리 많지 않았다.

1960년대 들어 블랙홀 연구는 다시 활기를 되찾았는데, 결정적인 계기는 퀘이사(Quasar)의 발견이었다. 퀘이사의 발견은 전파천문학이 없었다면 불가능한 일이었다.

미국 벨 연구소의 전파과학자 잰스키(Karl Jansky)는 선박이 항구와 통신을 주고받을 때 잡음이 생기는 문제에 몰두해 있었다.

'잡음의 원인이 무엇일까?'

잰스키는 근처의 전자 장비와 비행기 그리고 번개가 전파 방해의 주 원인이라 단정하고 이 잡음을 제거하는 장치를 만들었다. 장치를 달고 통신을 해보니 잡음은 많이 사라졌다. 그러나 완벽하진 않았다. 약하지만 휘파람 같은 소리가 여전히 통신중에 끼어드는 것이었다.

'이건 어디서 오는 잡음일까?'

잰스키는 검출 장치를 돌려가며 잡음의 위치를 살폈다. 잡음은 상공에서 내려왔다.

'태양이 주범인 것 같다.'

잰스키는 이 가정이 맞는지 확인하기 위해 전파 장치를 태양 쪽으로 돌려 잡음을 잡아보았지만 일치하지 않았다. 태양은 미약한 잡음의 원인이 아니었던 것이다.

'잡음의 방향이 머리 위인 건 확실한데?'

잰스키는 하늘을 올려다보다 불현듯 스친 생각에 기쁨을 감추지 못했다.

'그래, 별이야 별!'

잰스키는 실험을 거듭해 별에서 날아드는 전파를 확인했고, 1932년 말 벨 연구소는 그의 이러한 일련의 연구 결과를 책으로 출판했다. 이렇게 해서 전파천문학이라는, 현대 우주론 연구에 없어서는 안 될 새로운 학문이 탄생하게 되었다.

잰스키의 업적은 실로 놀라운 것이었다. 하지만 그의 공적은 곧바로 천체물리학자들에게 도움을 주지는 못했다. 우주론을 연구하는 천체물리학자들에게 정말 중요한 건 별에서 나온 전파를 확인하는 것이 아니라 분석하는 것인데, 그 당시엔 마땅한 장비가 없었기 때문이다.

실질적인 전파천문학 최초의 장비는 그로부터 5년 후에 개발되었다. 1937년 미국의 전파과학자인 레버(Grote Reber)가 지름이 90센티미터 정도인 접시형 전파 검출 장치를 개발해낸 것이다. 이것은 별에서 날아온 전파를 한 곳에 모을 수 있도록 고안되었기 때문에 전파 연구가 이전보다 쉬워졌다. 실험 결과는 데이터가 많으면 많을수록 정밀해지는 법이니까. 레버의 발명품은 전파망원경의 효시가 되었다.

레버는 전파망원경을 사용해 전파가 하늘 어디에서 날아오는지 꼼꼼히 표시했다. 그는 이렇게 만든 지도를 전파지도, 전파를 방출하는 별을 전파별이라고 불렀다. 그는 자신의 연구 결과를 1942년에 책으로 펴냄으로써 최초의 전파천문학자로 자리매김했다. 그러나 그의 저서는 당시 치열한 전쟁의 와중에 학자들의 관심을 끌지 못했다.

하지만 과학의 발달이 전쟁 무기와 떼려야 뗄 수 없는 관계라는 사실은 제2차 세계대전에서도 예외는 아니었다. 전파천문학 발전에 크게 기여한 기기가 전쟁에 유용하게 이용되고 있었던 것이다. 적외선 바로 너머에 위치한 마이크로파(Microwave)를 적군의 항공기에 쏘아 그 비행기의 위치와 속도를 알아낼 수 있다. 영국은 물리학자 와트(Alexander Watt)가 주도한 연구팀을 독려해 이 기기 제작을 서둘렀고, 1940년 말 영국 상공 전투에서 수적으로는 열세였지만 독일 공군을 일방적으로 격퇴하는 혁혁한 전공을 세웠다. 이 마이크로파 발사 장치를 전파 위치 탐지기(Radio Detecting and Ranging), 일명 레이더(RADAR)라고 한다.

레이더를 개발하는 과정에서 전파검출장치 기술은 하루가 다르게 발달했고, 전쟁 후에는 이 기술을 전파천문학에 응용해 우주에서 날아오는 전파를 찾는 데 십분 활용했다. 전파천문학은 지난 수백 년 동안 맨눈과 광학망원경을 사용해 인류가 얻어낸 우주에 관한 지식보다 월등한 정보를 우리에게 제공했다.

전파천문학 2

　전파천문학의 중심엔 전파망원경이 있다. 전파망원경은 우리
가 흔히 광학망원경이라고 부르는, 렌즈를 곱게 갈아서 만든 망
원경과는 현저히 다른 두 가지 특징을 지니고 있다. 하나는 크기
이다. 전파망원경은 광학망원경과는 비교도 안 되는 엄청난 크
기를 자랑한다. 그리고 전파망원경에는 렌즈가 없다. 철사를 접
시형으로 얼기설기 얽어매놓았을 뿐이다. 그래서 전파망원경을
보고 있노라면, 저걸로 어떻게 우주를 들여다본다는 걸까 하는
의구심이 절로 솟는다.

　■■ 어둠 속에서 별처럼 빛나는 아름다운 전파망원경

그러나 분명한 건 천체물리학자들은 전파망원경을 통해서 우주의 신비를 밝혀낸다는 것이다. 전파망원경에는 어떤 작동 원리가 숨어 있는 것일까?

이걸 알기 위해선 무엇보다 빛이 어떻게 구성되어 있는지를 알아야 한다. 빛 하면 우리는 사물을 볼 수 있게 하는 무엇을 연상한다. 흔히 가시광선이라고 부르는, 빨주노초파남보의 일곱 색으로 구성된 빛의 도움으로 사물을 볼 수 있기 때문이다. 그래서 빛이라고 하면 가시광선과 동일시하거나 가시광선이 빛의 전부인 걸로 착각하기도 한다.

우리는 낮에 햇빛의 작용으로 지상의 물체를 똑똑히 확인할 수 있다. 그러나 그 속엔 가시광선뿐만 아니라 오래 쪼이면 피부암을 유발하는 자외선도 있고, 열선이라고도 하는 적외선도 있다. 이뿐이 아니다. 자외선 너머에는 X선과 감마선이 있고, 적외선 너머에는 마이크로파와 전파가 있다. 이들 모두를 가리켜 빛이라고 한다. 다만 빨주노초파남보 이외의 빛은 비가시광선인 까닭에 우리의 시각 중추가 인지하지 못하는 것일 뿐이다.

우주의 무수한 천체에서 날아오는 다양한 빛 속에는 가시광선도 있고 X선과 전파도 있을 텐데, 그중에서 전파를 확인할 수 있는 망원경이 전파망원경이다.

망원경이라고 하면 멀리 있는 물체를 또렷이 볼 수 있는 기기로 알고 있으나 이건 광학현미경의 특성에만 한정한, 좁은 의미

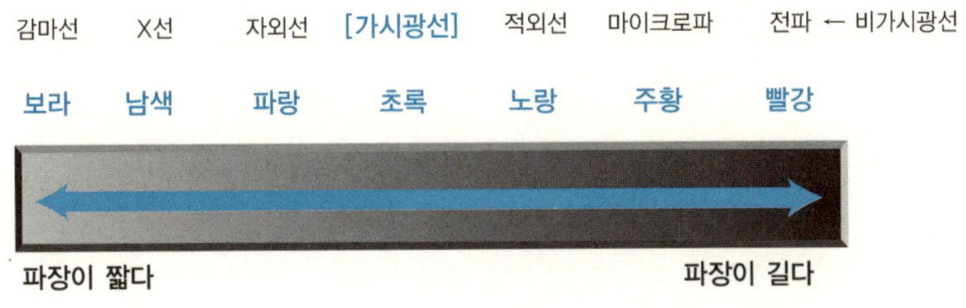

■■ 빛의 구성. 가시광선과 비가시광선을 파장의 길이로 배열한 그림

의 정의이다. 넓은 의미로는 빛이 담고 있는 모든 광선을 확인할 수 있는 기기를 망원경으로 보아야 한다.

전파는 인간의 시각 중추로 확인할 수 없는 빛이다. 곱게 간 유리나 렌즈를 끼워서 볼 수 있는 빛이 아니어서 외계에서 지구로 날아드는 전파를 포착해 모아야 하는데, 그때 반사 작용을 적절히 이용한다.

파장이 짧은 빛은 작은 틈도 쉬 빠져나가지만, 파장이 긴 빛은 그러지 못한다. 일례로 전파는 파장이 길기 때문에 촘촘히 짠 철망으로도 빛을 반사할 수 있다. 전파망원경의 외양이 철조망을 두른 것 같은 이유는 이 때문이다.

외계 전파를 연구하려면 철망에서 반사된 빛을 모아야 한다. 그러자면 그 빛을 한 곳에 집중시켜야 하는데, 이때 포물면이 그 일을 해준다. 전파망원경의 철망이 평평하면 전파는 반사할 수 있으나 가두어 모으는 일은 어려워진다. 반사된 전파가 오던 길을 따라서 되돌아갈 터이기 때문이다. 그러나 철망 끝을 안쪽으

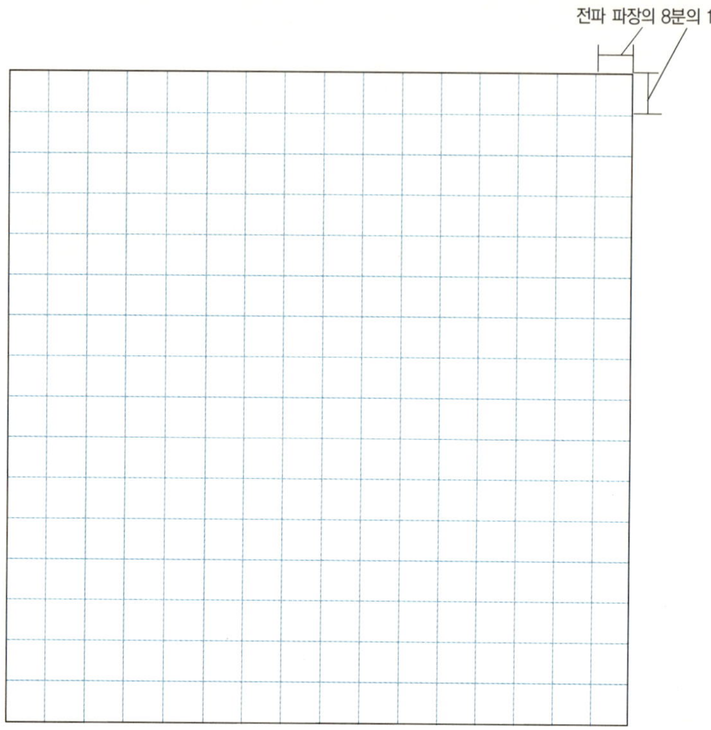

■■ 전파 망원경의 표면. 전파 망원경의 표면은 전파 파장의 8분의 1 간격으로 철사를 얽는다.

로 구부려 포물면 형태로 만들면 반사된 전파를 한 곳(초점)에 모을 수 있다. 그래서 전파망원경의 형태가 포물형 접시 모양을 띤다.

초점에 수신기를 설치해 전파를 잡으면 그 성질을 분석할 수 있다. 그런데 전파망원경으로 보는 우주의 상은 흐릿하다는 단점이 있다. 전파의 파장이 가시광선보다 길기 때문이다. 이걸 해결하기 위해서 전파망원경을 더 크게 만들어 상의 선명도를 높

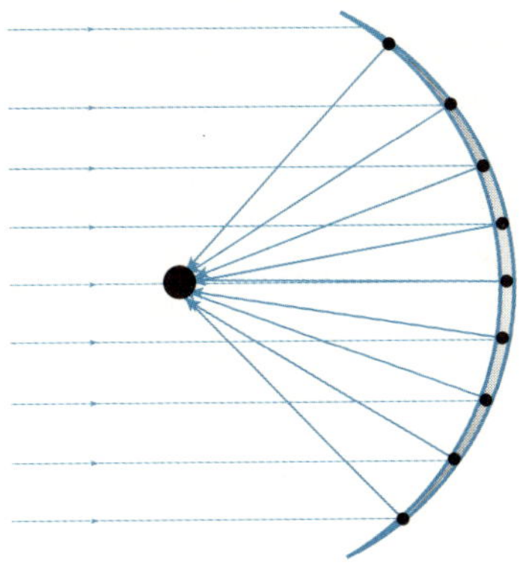

이고 있다. 그러나 전파망원경을 무작정 크게 만드는 데에도 한계가 있어서 생각해낸 방법이, 전 세계 곳곳에 설치한 전파망원경을 서로 연결해 컴퓨터로 이를 통제하여 사용하는 것이다. 이렇게 하면 한 곳에 지름 수킬로미터짜리 전파망원경을 구축한 것이나 마찬가지 효과를 낼 수 있기 때문이다. 지금 천체물리학계는 이 훌륭한 아이디어의 효과를 톡톡히 보고 있다.

수수께끼 천체

전파망원경은 광학현미경으로는 불가능한, 멀리 떨어진 천체의 형태와 위치를 선명하게 정확히 잡아낼 수 있다. 천체물리학자들은 전파망원경으로 우주 곳곳을 살폈다. 그러던 중 1960년 대 초에 기묘한 천체가 다수 관측되었다. 윤곽이 희미하고 청색을 띤 겉모양은 보통 별과 다르지 않은데, 일반적인 별은 엄두도 못낼 강한 전파를 방출하는 수수께끼 천체가 포착된 것이다. 그래서 이를 '별처럼 생긴 전파원(Quasi-Stellar Radio Source)', 줄여서 퀘이사(Quasar)라 칭하게 되었다.

1960년대 초에 발견된 대표적인 퀘이사로는 3C48(퀘이사로는 최초로 발견된 천체)과 3C273이 있다. 여기서 3C는 영국의 천문학자 라일(Martin Ryle, 1974년 노벨 물리학상 수상)이 제작한 케임브리지 전파별 제3목록(Third Cambridge Catalog of Radio Stars)을 지칭하고, 3C273은 그 목록의 273번째에 수록된 천체란 뜻이다.

미국의 천체물리학자 샌디지(Allan Rex Sandage)는 이 괴상한 천체를 연구하면서 다음과 같은 의문을 품었다. 당연하다면 당연한 의문이었다.

"태양이 방출한 마이크로파는 검출할 수 있다. 그러나 그건 어디까지나 태양이 지구와 가깝기 때문이다. 태양이 멀리 떨어져 있다면 마이크로파의 검출은 상당히 어려울 것이다. 그런데 저렇듯 희미해 보이는, 까마득히 멀리 떨어진 별에서 흘러나온 마이크로파가 어떻게 지구까지 도달할 수 있을까?"

이에 대해 온갖 설명이 제시되었다.

"이질적이고 무거운 원소로 구성된 고밀도의 별이라면 강한 마이크로파를 방출할 수 있지 않을까요?"

"거대한 폭발을 일으킨 별의 잔해가 내보내는 복사파일 거라고 봅니다."

"우리가 알지 못하는 이상한 원소 변환이 별 내부에서 이루어지면서 내보내는 빛이라고 생각합니다."

"아닙니다, 아니에요, 저건 별이 아닐지도 모릅니다."

이런 구구한 해석이 난무하는 가운데, 수수께끼 천체의 비밀을 알려주는 결정적인 단서가 1963년에 나왔다. 캘리포니아 공과대학의 네덜란드 출신 물리학자 슈미트(Maarten Schmidt)는 3C273의 스펙트럼을 놓고 골머리를 썩이고 있었다. 3C273의 스펙트럼에는 그 천체가 방출한 여러 원소가 다양한 폭으로 줄지어 표시되어 있었다.

"스펙트럼이 왜 이렇지?"

스펙트럼 속 원소의 배열이 기존 별들이 보여주는 것과는 너무도 달랐던 것이다. 슈미트는 스펙트럼 속 원소를 일일이 검토해보았다.

"수소의 존재를 알려주는 정상적인 방출선이 들어 있긴 다 들어 있는데……."

해답은 곧바로 나오지 않았으나, 슈미트는 늘 이 문제와 씨름했다. 그러던 어느 날, 불현듯 이런 생각이 뇌리를 스쳤다.

'적색이동. 그래, 적색이동이야!'

적색이동

슈미트가 탄성처럼 내지른 적색이동이란 무엇일까? 사고실험
을 하자.

3C273행 우주 열차가 지구 상공에 떠 있다.

멈춰 있는 우주 열차의 중앙 상단에 전구가 매달려 있다.

전구가 번쩍 불빛을 발산한다.

빛은 동심원을 그리면서 고르게 퍼져나간다.

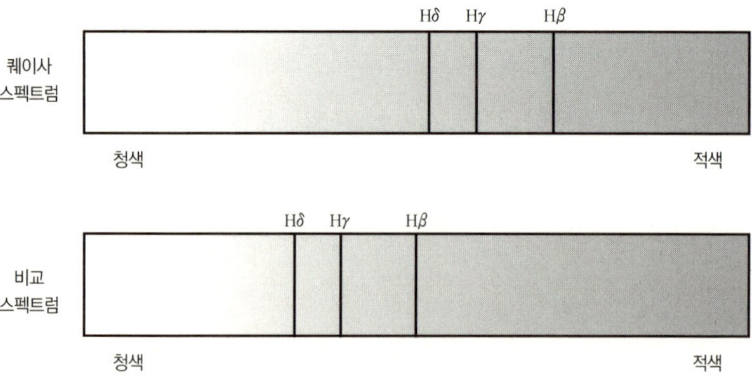

퀘이사의 스펙트럼과 비교 스펙트럼

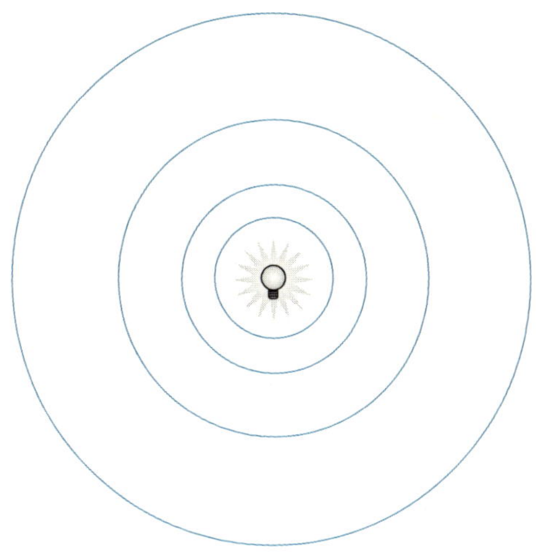

우주 열차가 정지해 있으니, 불빛이 전후좌우 같은 속도로 뻗어나가는 건 의심의 여지가 없다. 사고실험을 이어가자.

3C273행 우주 열차가 출발한다.

출발과 동시에 우주 열차의 중앙 전구에서 불빛이 번쩍 빛난다.

우주 열차는 지구를 뒤로하고 등속으로 나아간다.

불빛은 여전히 동심원을 그리며 뻗어나가고 있다.

그런데 이게 어찌 된 일인가?

불빛의 파형이 우주 열차가 정지했던 때와는 사뭇 다르지 않은가!

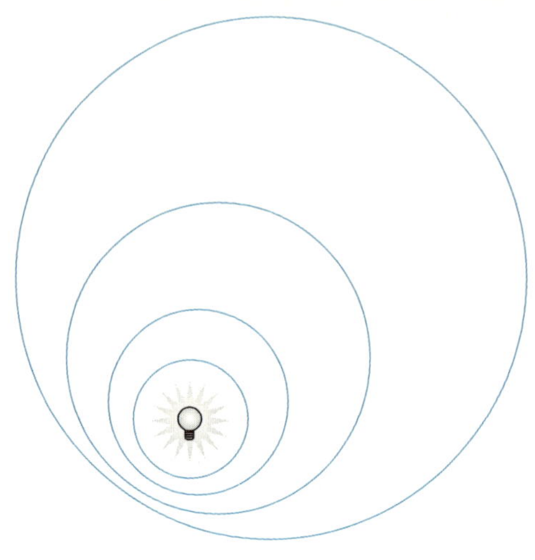

멈춰 있을 때에는 사방으로 일정한 간격을 유지하더니
등속 이동을 하자, 폭이 일정치 않은 파형으로 변해버린 것이다.

왜 이런 결과가 나타난 걸까?

쉬운 예로, 보트가 강 위를 신나게 달리는 상황을 상상해보자. 보트가 전진하는 순간순간 강에는 물결(수면파)이 인다. 물결의 폭은 보트가 나아가는 쪽은 좁은 반면, 그 반대쪽은 계속 넓어진다. 이와 같은 결과가 이동중인 물체에서 방사한 불빛의 간격에도 그대로 적용된다. 출발한 우주 열차의 앞쪽 광파(光波)는 간격이 조밀해지는 반면, 뒤쪽은 간격이 듬성듬성해진다. 이건 빛의 파장이 길고 짧아진다는 말이다.

빨주노초파남보, 가시광선 중에서 파장이 긴 파(장파)는 붉은 빛을 띠고, 짧은 파(단파)는 푸른빛을 띤다. 그래서 물체가 멀어지면 파장이 긴 적색 쪽으로 치우치고(적색이동), 다가오면 파장이 짧은 청색 쪽으로 치우친(청색이동) 빛이 관측되는 것이다.

후퇴한다-파장이 길어진다-붉은색-적색이동
다가온다-파장이 짧아진다-푸른색-청색이동

이 현상을 빛의 도플러 효과(Doffler Effect)라고 하는데, 이 원리를 이용하면 천체가 지구에서 멀어지는지 가까이 다가오는지 알 수 있다. 예를 들어 어떤 별이나 은하가 방출한 빛의 스펙트럼이 파장이 긴 적색 쪽으로 이동한 걸로 나타나면 그 천체는 지구에서 후퇴하는 중이고, 파장이 짧은 청색 쪽으로 이동한 걸로 나타나면 지구 쪽으로 다가오는 중이라는 결론을 내릴 수 있는 것이다.

슈미트와 그린슈타인의 발견

좀체 종잡기 어려웠던 3C273의 스펙트럼 때문에 고심하던 슈미트가 해결책으로 이내 떠올린 원리가 바로 빛의 파장과 천체의 움직임 사이의 관계를 알려주는 빛의 도플러 효과였다.

'스펙트럼이 붉은색 쪽으로 치우쳤으니…… 그렇다면 천체 3C273이 지구에서 점점 멀어지고 있다는 뜻이구나!'

그랬다. 미지의 괴물 천체 3C273은 아주 빠르게 후퇴하고 있었다. 슈미트는 3C273의 후퇴 속도를 계산해보았다. 괴천체의 후퇴 속도는 광속의 16퍼센트에 육박할 정도로 굉장했다.

'이 정도의 속도로 멀어져가고 있다면…… 엄청나게 멀리 떨어져 있을 것 같은데?'

슈미트는 즉각 관측 자료를 이용해 3C273까지의 거리를 구해보았다. 아니나 다를까. 예측대로 20억 광년(빛의 속도로 20억 년을 날아가야 하는 거리)이란 엄청난 거리가 나왔다.

슈미트는 이 놀라운 결과를 그린슈타인(Jesse Greenstein)에게 알렸다. 그린슈타인은 퀘이사로 알려진 또다른 천체 3C48의 스펙트럼을 즉각 조사했다. 3C273에서 보인 적색이동 현상이 여기서도 나타났는데 그 효과는 더욱 컸다. 3C48은 광속의 37퍼센트에 버금가는 속도로 멀어져가고 있었던 것이다.

"대단한걸."

슈미트와 그린슈타인은 자신들의 발견에 고무되었다.

슈미트는 이렇게 선언했다.

"이제야 우주의 역사를 새롭게, 그리고 제대로 공부할 수 있게 되었다."

한 학자는 이들의 발견을 다음과 같이 높이 평가했다.

"비로소 천문학이 낡은 껍질을 벗어던지고, 세인의 품으로 흥미롭게 다가갈 수 있는 계기가 마련되었다."

슈미트와 그린슈타인의 발견은 제2차 세계대전 이후 미운 오리 새끼처럼 철저히 외면당해온 천체물리학에 일약 생기를 불어넣었다.

1963년 댈러스 심포지엄

1963년 말에 텍사스 주 댈러스에선 세계를 놀라게 한 두 사건이 일어났다. 11월 22일에는 미국의 제35대 대통령인 케네디가 암살당하는 비극적인 사건이 일어났고, 12월 16일부터 18일까지는 '제1회 상대론적 천체물리학 심포지엄'이 열렸다.

댈러스 심포지엄은 우주를 보는 새로운 창을 열어준 퀘이사의 발견을 기념하는 자리였다. 심포지엄에는 전 세계의 내로라하는 천체물리학자들이 대거 참석했다. 특히 이 자리에는 아인슈타인의 상대성이론만을 고집스럽게 연구하는 물리학자(이들을 상대론자Relativist라고 부른다)들이 초청되었는데, 일반상대성이론이 예측하는 별의 중력붕괴 현상을 퀘이사와 같은 괴물 천체에 어떻게 적용할 수 있는가를 심도 있게 논의하기 위해서였다.

상대론적 천체물리학자인 골드(Thomas Gold)는 댈러스 심포지엄의 의의를 다음과 같이 밝혔다.

"퀘이사의 발견은 상대성이론을 우주에 적용하려는 노력이 결코 무의미한 작업이 아님을 여실히 보여주고 있습니다. 상대성이론은 이제 상상의 틀을 완연히 벗어나 장엄한 문화적 장식물 안으로 빠르게 이동하고 있습니다. 자연 현상을 상대성이론으로 해석할 수 있다는 데 상대성이론 연구자들은 심히 고무되어 있습니다. 우리는 얼마 전까지만 해도 꿈꾸지 못했던 새로운 분야의 선도적 전문가가 된 것입니다. 우리는 이런 일들에 고마워하고 있을 뿐만 아니라 일반상대성이론이 우주와 천체의 연구 영역을 더 새롭고 드넓게 확장했다는 사실에 기뻐하고 있습니다. 그래서 이 자리에 참석한 우리는 모두 흥분하고 있습니다. 실로 뜻깊은 일입니다. 우리 다 함께 오늘의 모임이 복된 수확으로 이어지길 기원해봅시다."

골드는 호일(Fred Hoyle), 본디 (Hermann Bondi)와 함께 정상우주론을 주장한 학자이다. 정상우주론은 우주가 변함없는 상태를 유지한다고 본다. 반면 우주는 옛날 옛적 한 점에서 시작해 계속 팽창해왔다고 주장하는 이론이 대폭발이론(The Theory of Big Bang)인데, 이것은 가모브(George Gamow)가 제안했다. 현재까지 밝혀진 사실에 의하면 진실의 무게 추는 정상우주론보다는 대폭발이론 쪽으로 기운 상태이다.

우주론의 역사는 골드의 예측과 바람대로 흘렀다. 아인슈타인의 상대성이론과 무관한 우주를 더는 상상할 수 없게 되었다. 1960년대는 우주론에 혁명의 폭풍이 분, 그야말로 상대론적 우주론의 황금기였던 것이다.

6

블랙홀의 전령 퀘이사

퀘이사 해석 1

1963년의 제1회 텍사스 심포지엄에서 천체물리학자들은 퀘이사가 블랙홀의 존재 가능성을 강하게 암시하는 천체라는 데 크게 공감했다. 그들은 어떻게 이와 같은 결론을 이끌어냈을까?

저 멀리에서 빛이 날아온다.

퀘이사가 방출한 광선이다.

빛을 쉼 없이 내뿜는다는 사실만을 놓고 보면, 퀘이사는 보통 별과 별 차이가 없다.

퀘이사 발견 초기, 천체물리학자들이 퀘이사를 우리 은하계의 일반 별 중 하나로 간주했던 게 사실이다. 사고실험을 이어가자.

우리 은하계의 지름은 대략 10만 광년쯤 된다. 10만 광년과 20억 광년이라…… 이 두 거리를 비교한다는 것 자체가 말이 안 되지만, 단순 계산으로도 우리 은하계를 약 2천여 개 늘어놓은 끝자락에 퀘이사 3C273이 있다. 사고실험을 계속하자.

퀘이사 해석 2

단순하게 생각하자. 무지무지하게 밝으니까, 그렇게나 멀리
떨어져 있어도 보이는 것이라고. 그렇다. 퀘이사의 밝기는 실로
엄청나다. 사고실험을 하자.

거리에 따른 광선의 세기 변화로 추정해보면 퀘이사의 밝기는
일반 은하의 100배에서 1000배가량 된다. 우주가 아무리 기이한

곳이라곤 하지만, 하나의 별이 이렇게 엄청난 양의 광선을 방출한다는 건 도저히 믿을 수 없는 일이다. 사고실험을 이어가자.

그랬다. 천체물리학자들도 이와 같은 의문을 품었다. 실은 별들이 뿔뿔이 흩어져 있는데, 너무나 까마득한 거리여서 한 곳에 몰려 있는 듯 보이는 게 아니냐는 것이다. 그래서 퀘이사의 크기를 면밀히 조사해보았다. 광선이 나오는 범위가 우리 은하와 엇비슷하다면, 퀘이사의 정체를 둘러싼 분분한 주장은 모두 기각될 것이다. '3C273은 은하'라는 결론이 내려질 터이고, 그렇게 되면 퀘이사 소동은 잠깐 동안 벌어진 해프닝으로 끝나게 될 터이므로.

그러나 측정 자료에 근거한 분석 결과는 간단하지 않았다. 3C273으로 인해 빚어진 의문은 결코 한순간의 해프닝이 아니었다. 광선이 방출되는 지역은 고작 태양계 정도에 불과했다. 우리 은하계에서 태양계가 차지하는 넓이는 무시해도 좋을 만한 크기이다. 그렇다면 퀘이사의 신비를 어찌 벗겨내야 한단 말인가?

퀘이사 해석 3

은하보다 월등히 작은 공간을 점유하고 있으면서 훨씬 더 많은 광선을 내보낸다면, 이 의문을 풀어나갈 열쇠는 이제 두 가지로 압축된다.

> 상식적인 견해로는 답을 구하기가 어려워 보이는 퀘이사 3C273.
> 그러나 무엇이 두려우랴.
> 상식이 통하지 않으면 비상식적 개념을 도입하면 되지 않겠는가.

아인슈타인은 이렇게 말했다.
"상식이란 인류가 오랜 삶을 영위해오면서 터득하고 축적한

튼실한 경험의 법칙이다. 그래서 상식은 마땅히 존중받아야 할 인류의 위대한 지혜의 보고(寶庫)이다. 하지만 그렇다고 해서 자연의 비밀을 캐내려는 학자가 상식의 울타리 안에만 안주하려 한다면, 지금껏 쌓아온 인류의 참다운 지식이 더는 앞으로 나아 가기 어려울 것이다. 자연의 신비를 밝히는 일은 늘 상식적인 통념을 깨는 데서 출발했다."

사고실험을 이어가자.

중력은 물체끼리 끌어당기는 힘, 전자기력은 전기와 자기(磁氣)의 힘, 그리고 약력과 강력은 미시(微視) 입자 사이에 작용하는 힘이다. 물리학자들은 우주의 모든 현상이 이 네 가지 기본 힘으로 이루어진다고 믿는다. 그래서 이 네 가지 힘을 통합하면 만물을 아우르는 법칙을 거뜬히 만들어낼 수 있을 것이라고 믿어 의심치 않는다. 이른바 만물이론(Theory of Everything)이 완성되는 것이다. 아인슈타인도 마지막까지 노력했으나 끝내 이루지 못했던 그 이론이 중력과 전자기력을 합치는 이론은 통일이론(Unified Theory), 여기에 약력을 더한 이론은 대통일이론(Grand Unified Theory) 그리고 강력까지 포함하는 이론은 초대

128

통일이론(Super Grand Unified Theory)이라고 한다. 현재 대통일이론까지 완성돼 있는 상황이다. 사고실험을 계속하자.

그렇다. 사실 또다른 힘이 존재한다고 가정하여 연구에 매진하는 학자들이 있다. 물리학의 주류에서 다소 떨어져 있다고 볼 수 있는 그들이 대표적으로 관심을 갖고 있는 힘은 반중력(Anti-Gravity)과 반물질(Anti-Matter) 사이에 작용하는 힘이다. 반중력은 말 그대로 중력에 반(反)하는 힘으로, 이것을 발견하면 옛날 옛적 도사들이 자유자재로 구사했다는 공중부양이 가능해진다. 반물질은 물질의 반대 물질로, 물질과 특성이 같지만 전하(電荷)가 다르다. 일례로 전자의 반물질은 질량과 크기는 똑같고 전

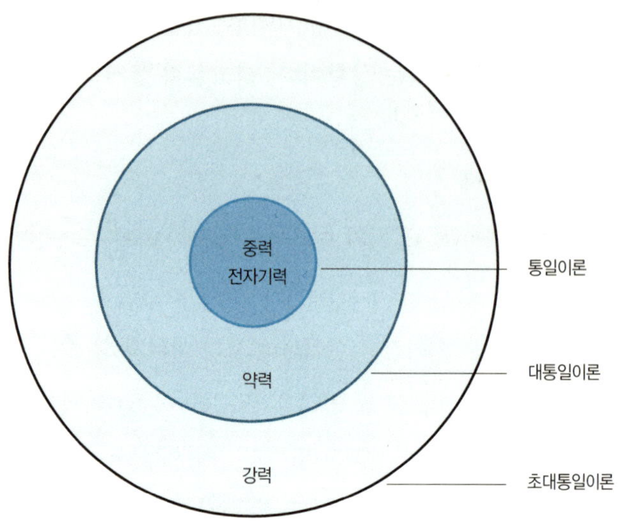

■■ 자연계에 작용하는 힘과 이에 관한 이론들

하가 양(+)인 양전자이다. 전자의 전하는 음(−)이다. 양전자의 존재 가능성은 물리학자 디랙이 상대론적 양자역학을 연구하면서 예언했고, 그걸 실험으로 확인한 사람은 물리학자 앤더슨(Carl Anderson)이었다. 이것이 1932년의 일이고, 앤더슨은 그 공로로 1936년 노벨 물리학상을 받았다. 사고실험을 계속하자.

반중력이나 반물질 사이에 개입하는 힘이 존재한다면 우리가 아직 파악하지 못한 여러 물리적인 작용이 자연에 존재한다면 그래서 그 힘과 작용이 퀘이사 내부에서 일어나고 있다면 퀘이사의 폭발적인 에너지 방출을 그걸로 해석해볼 여지는 충분할 것이다.

핵분열, 핵융합 같은 핵력의 무시무시한 파괴력을 월등히 능가하는, 이름하여 제5의 힘을 거론해서 보통 별로서는 도저히 감당하기 어려운 퀘이사의 놀라운 신비를 풀어보려는 시도는 나름대로 의미 있는 작업이다. 그런데 일단의 천체물리학자들의 관심이 그쪽으로 향하려는 참에 이러한 상황을 급반전시키는 발견이 이루어진다.

퀘이사 해석 4

20세기 후반 들어 하루가 다르게 번모한 도시 문명의 기저(基底)에는 과학기술이 우뚝 자리잡고 있다. 과학기술의 발전 속도는 문명화의 속도를 빠르게 앞서 나갔는데, 천체물리학 실험 장비의 발전 속도도 그러한 추세와 어깨를 나란히 했다. 우주를 관측하는 기기의 성능은 어제와 오늘이 확연히 다르게 개선되었다.

그러니 천체의 상(像)은 이전보다 더욱 또렷해져갔다. 예전에는 아무것도 없는 것처럼 보였던 곳에서 희미하게나마 천체의 흔적을 분명히 확인할 수 있었다. 그 덕을 톡톡히 본 대표적인 천체가 퀘이사였다. 개량된 관측 기기로 퀘이사를 탐사하자, 그 둘레로 희미하게 은하의 상이 잡혔다. 퀘이사는 우주의 변방에 홀로 동떨어져 있는 외톨이 천체가 아니었다. 은하의 중심에 보란 듯이 위치해 있었던 것이다. 사고실험을 하자.

여기서 천체물리학자들은 오펜하이머와 그의 제자들이 1930년대 후반에 연구한 별의 중력수축과 중력붕괴 현상을 떠올렸다. 사고실험을 이어가자.

오펜하이머의 이론은 흠 잡을 데가 없다.

그러니 은하 내부에서 중력붕괴 과정이 순탄하게 일어나기만

하면, 블랙홀은 자연스레 만들어져야 한다.

천체물리학자들의 상상의 나래는 은하 중심부에서 블랙홀이
형성되는 과정을 그리는 쪽으로 급속히 나아갔다.

퀘이사 해석 5

사고실험을 하자.

은하의 중심부는 외곽 지역에 비해 별의 밀도가 100만 배나

높다.

다양한 크기의 별이 많다는 뜻이다.

다시 말해, 질량이 큰 별이 존재할 확률이 그만큼 높다는 의

미이기도 하다.

오펜하이머의 예측대로라면, 태양보다 질량이 3배 이상 되는

별은 결국 블랙홀이 될 수밖에 없다.

자체의 중력수축을 이기지 못하고, 끝내 중력붕괴를 일으키

기 때문이다.

태양보다 월등히 무거운 별들이 이곳저곳에서 중력붕괴를 일으켜 블랙홀이 탄생한다.
그렇게 만들어진 블랙홀 주위로 여전히 수많은 별들이 포진해 있다.
자신의 무게로는 결코 블랙홀이 될 수 없는 별들이 말이다.

　이러한 상황은 태양 주변에 여러 개의 행성과 위성이 모여 있는 태양계와 흡사하다고 보면 된다. 그러니까 태양은 블랙홀, 행성과 위성은 블랙홀이 되지 못한 작은 별이라 생각하고, 이와 같은 형상의 천체계가 블랙홀이 만들어진 곳마다 곳곳에 분산돼 있는 환경을 떠올리면 되는 것이다. 사고실험을 계속하자.

지구가 태양을 돌듯, 별들이 블랙홀 주위를 회전하고 있다.
지구가 태양의 중력에 이끌리듯, 은하 속 별들이 블랙홀의 중력에 끌리는 것이다.
블랙홀의 무지막지한 힘에 버티지 못하고 별들이 블랙홀 쪽으로 끌려간다.
별들은 나선 궤도를 그리며 다가가고 있다.
블랙홀과 별들의 거리가 가까워진다.
별이 부서지기 시작한다.
두 천체 사이의 거리가 가까워질수록 별의 붕괴는 더욱 가속화된다.

이내 별의 구성물질이 산산조각난다.

완전 분해된 별의 구성물질은 더욱 빠르게 블랙홀을 향해 떨어진다.

산산이 부서진 별들의 구성물질이 서로 맞부딪친다.

시간이 흐를수록 충돌은 더욱 잦아진다.

블랙홀에 다가갈수록 그들 사이의 공간이 더욱 좁아지기 때문이다.

충돌 횟수가 많아질수록 산산조각난 별의 구성물질은 계속 달구어진다.

뜨거워진 별의 구성물질이 이내 빛 에너지를 방출한다.

이것이 우리가 보는, 퀘이사가 방출하는 빛이다.

나무랄 데 없는 논리이다. 그러나 이것으로 퀘이사의 엄청난 에너지 방출 문제가 깔끔하게 해결된 건 아니다. 왜냐하면 이 정도의 에너지로는 부족하기 때문이다. 한마디로 더 많은 빛 에너지가 발산되어야 한다. 천체물리학자들이 계산한 바에 따르면, 일반적인 크기의 블랙홀이 수백 개 있어도 퀘이사가 내뿜는 엄청난 에너지를 도저히 충당할 수가 없다. 적어도 억 단위는 되어야 한다고 보는데, 일반적인 블랙홀이 10억 개 이상 합쳐져야 퀘이사의 에너지를 설명할 수 있다고 보는 것이다.

블랙홀의 존재 가능성을 완전히 확신하지 못한 상황에서, 일반적인 블랙홀보다 10억 배나 무거운 블랙홀이 존재해야만 퀘이사를 그런대로 설명할 수 있다는 견해는 문제를 해결하는 게 아니라 오히려 미궁 속으로 빠뜨리는 것처럼 보였다.

퀘이사 해석 6

보통 블랙홀 10억 개에 해당하는 블랙홀이라…….

천체물리학자들의 고민은 이제 퀘이사를 떠나 정녕 이런 블랙홀이 존재할 수 있을까에 집중되었다. 퀘이사의 문제는 강한 회오리바람을 다른 쪽에서 몰아오고 있었던 것이다. 사고실험을 하자.

> 이만한 블랙홀이 존재하려면
>
> 단순 비교로도, 질량이 최소한 태양의 수십억 배에 달하는 별이 있어야 한다.
>
> 블랙홀이 되기 위한 조건은, 질량이 적어도 태양의 3배 이상은 되어야 하기 때문이다.
>
> 태양보다 수십억 배나 무거운 별이라?
>
> 그런 게 과연 존재할 수 있을까?

설령 존재한다고 해도 그렇다.

그걸 별이라고 할 수 있을까?

물론 없다.

태양의 수십억 배와 어슷비슷한 질량이라면

은하 내부에는 평균적으로 태양 같은 별이 1백억 개가량 들어 있다는 얘기다.

그건 보통의 은하와 맞먹는 질량이다.

그러면 은하 자체가 거대한 블랙홀이란 말인가?

그렇다고 볼 수도 있을 것이다.

그러나 그렇게 되기 위해선 몇 가지 조건이 필수적이다.

은하 자체는 하나의 큰 별이 아니다.

수백억 개에 이르는 별들이 뿔뿔이 흩어져 있는 커다란 별들의 집합체이다.

이들이 똘똘 뭉쳐야 한다.

그래야 은하를 아우르는 블랙홀이 만들어질 기반이 조성될 수 있을 터이다.

한데 그 수많은 별들을 어떻게 모은단 말인가?

이에 대한 의문은 별의 충돌로 거뜬히 설명할 수 있다. 사고실험을 이어가자.

은하 중심부에는 별이 밀집되어 있다.

그런 만큼 충돌 확률도 높다.

두 개의 별이 충돌해 더 큰 별이 된다.

이렇게 커진 별은 다시 새로운 별과 충돌한다.

별은 더욱 커진다.

이런 식으로 몸집을 불린 별 가운데 블랙홀이 될 여건을 갖춘

별이 나타난다.

태양보다 수십 배 무거운 별이 탄생한 것이다.

그러한 별이 은하 도처에 무수히 보인다.

그들이 중력붕괴를 일으켜 블랙홀이 된다.

은하 중심 부근에 아주 많은 블랙홀이 생성된 것이다.

그러나 그들은 보통 크기의 블랙홀이다.

일반 별보다 10억 배 이상 큰 블랙홀이 되기에는 턱없이 작다.

블랙홀은 블랙홀이지만 이들은 큰 차이가 있다.

이걸 해결할 방도는 없는 걸까?

이 대목에서 블랙홀의 대가 호킹이 등장한다.

스티븐 호킹의 등장

때는 1970년 11월 어느 날 밤이었다. 호킹은 잠을 청하기 위해 침대로 향하고 있었다. 그러나 그의 몸은 정상이 아니었다. 1962년 어느 봄날 오후에 신발 끈을 매는 일조차 어렵게 느껴지는 운동신경 세포질환은 끝내 그를, 흔히 루 게릭 병이라고 부르는 근위축성측삭경화증(ALS : Amyotrophic Lateral Sclerosis)으로 몰아갔다. 루 게릭은 1930년대 이 병을 앓은 것으로 알려진 미국의 야구 선수 이름이다. 치명적인 병에 걸린 호킹을 두고 의사들은 3년 정도 살면 잘 사는 거라고 호언장담했다. 하지만 그는 아직도 살아 있다.

잠 잘 채비를 하는 호킹의 동작은 아주 더딜 수밖에 없었다. 굼벵이를 연상시키는 몸동작, 그러나 그것이 연구에는 오히려 약이었다.

"침대로 어기적어기적 걸어가면서 나는 블랙홀을 생각했습니다. 마음대로 몸을 움직일 수 없는 신체 장애 때문에 내 몸을 침대에 눕히기까지는 상당한 시간이 걸렸습니다. 그래서 생각할 시간이 오히려 많았습니다."

불현듯 어떤 영감이 호킹의 뇌리를 스쳤다.

'블랙홀의 표면적은 줄어들지 않는구나!'

그러니까 블랙홀의 크기가 일정하거나 아니면 커질 수는 있어도 작아질 수는 없다는 사실을 알아낸 것이다. 호킹은 이 결과를 충돌하는 블랙홀로 확장했다.

"블랙홀끼리 충돌하여 합쳐질 경우, 전체 크기는 두 블랙홀의 표면적을 합한 것과 같거나 커질 수는 있지만 결코 줄어들 수는 없다."

이것을 호킹의 블랙홀 표면적 증가의 법칙이라고 한다.

호킹의 블랙홀 표면적 증가의 법칙을 은하 내부의 작은 블랙홀에 적용하면 퀘이사에서 연유한 의문은 절로 풀리는데, 사고실험을 하자.

은하 중심에 생긴 보통 크기의 수많은 블랙홀.

별이 충돌하듯, 이번엔 그들이 충돌한다.

충돌 후 합쳐진 블랙홀은 호킹의 블랙홀 표면적 증가의 법칙에 따라 부피가 증가한다.

커진 블랙홀은 중력도 세진다.

이전 크기에선 중력이 미약해 잡아둘 엄두조차 내지 못했던 별들이 사정권에 들어온다.

새로운 별들을 포획함으로써 블랙홀은 더욱 커진다.

부피가 증가한 만큼 다른 블랙홀과 충돌해 합쳐질 확률도 높아진다.

블랙홀이 커지면 커질수록 다른 천체를 삼키는 일도 손쉬워진다.

블랙홀이건 보통 별이건, 잡아먹을수록 몸집이 더욱 커지는 과정은 계속된다.

은하 중심에 거대한 블랙홀이 생긴다.

호킹의 블랙홀 표면적 증가의 법칙을 빌리면, 은하 중심에 거대 블랙홀이 존재하는 이유를 이렇게 설명할 수 있다.

퀘이사가 방출하는 무지막지한 빛 에너지의 비밀은 바로 이러한 작용으로 설명할 수 있다. 은하 중심의 거대 블랙홀에 끌려들어가 돌이킬 수 없이 사라질 운명에 놓인 천체들이 마지막 몸부림으로 내놓는 에너지 폭주 현상, 이것이 바로 퀘이사 에너지 방출의 원천인 것이다.

퀘이사가 쥔 열쇠 1

퀘이사의 연구는 은하 중심에 거대 블랙홀이 존재하는 이유를 설명해준다. 그러나 이게 전부는 아니다. 천체물리학자들은 퀘이사가 이보다 더 근원적인 문제를 해결해줄 수 있을 것이라 보고 있다. 그것이 무엇일까?

드넓은 우주를 본다.

여기저기에 은하들이 있다.

어떤 은하의 중심은 강력한 빛 에너지를 방출한다.

그 속에 퀘이사가 있다는 강한 반증이다.

그러나 어떤 은하의 중심은 그렇지 못하다.

왜 그럴까?

이를 두고 두 가지 원인을 생각해볼 수 있다. 하나는 은하의 중심이 블랙홀을 만들 충분한 여건을 갖추지 못했기 때문이다. 이 여건에서 퀘이사가 생기지 못하는 건 이상한 일이 아니다. 다른 하나는 퀘이사가 은하 중심에 존재하긴 하는데, 그것이 너무 노쇠했다는 것이다. 이게 무슨 의미인지, 사고실험으로 짚어보자.

은하 중심에서 블랙홀이 막 태동하고 있다.

그 속에서 발하는 빛이 상당하다.

장작더미가 많으면 많을수록 불꽃이 화려하듯

블랙홀이 잡아먹을 수 있는 별이 주변에 널려 있기 때문이다.

그러나 시간이 흐를수록 별의 수는 감소한다.

블랙홀의 몸집을 불리는 먹이가 되어 사라져버렸기 때문이다.

은하 속 퀘이사가 발하는 빛의 세기는 더욱 약해진다.

은하 내부의 에너지 근원이 고갈될수록 이런 추세는 점점 가속화된다.

퀘이사의 빛 에너지가 차츰차츰 희미해진다.

눈부시게 밝던 복사(輻射)는 온데간데없다.

은하 중심부가 마침내 암흑을 뒤집어쓴 것처럼 어두워진다.

그래서 퀘이사가 있으나, 그 흔적을 찾기가 어렵다.

더는 먹잇감을 찾기 어려워 정력적인 활동을 멈출 수밖에 없는 노쇠한 퀘이사가 은하 중심부에 조용히 자리 잡고 있을 뿐이다.

겉보기에는 보통의 비활동 은하처럼 보일지라도 그 중심에는 무시무시한 퀘이사가 휴화산처럼 숨어 있을 가능성이 높다고 예측해볼 수 있는 것이다.

퀘이사가 쥔 열쇠 2

은하 중심부는 별이 밀집해 있는, 블랙홀 탄생의 기반이 탄탄히 다져진 곳이다. 그런 만큼 블랙홀과 퀘이사는 어렵지 않게 포착되어야 하나 실상은 그렇지 않은데, 그들이 포식할 사냥감이 줄어들었기 때문이다.

블랙홀과 퀘이사를 발견하기 어려운 또하나의 이유가 있는데, 거리가 멀다는 점이다. 대부분의 퀘이사는 수십억 광년이나 떨어져 있다. 심지어 140억 광년 거리에 있는 것(Q0051-279)이 발견되기도 했다. 하지만 이건 역으로 좋은 연구 자료를 제공해주는 단서가 되기도 하는데, 사고실험을 하자.

저기 아득히 멀리 퀘이사가 보인다.

그곳까지의 거리를 계산해보니 무려 150억 광년 남짓이다.

우주가 태어난 지 150억 년쯤 된 걸로 알려져 있으니, 우주의 나이와 맞먹는 거리이다.

우리는 지금 150억 년 전의 퀘이사에서 내보낸 빛을 마주하고 있는 것이다.

빛이 그곳에서 지구까지 광속으로 쉬지 않고 날아오는 데 꼬박 150억 년이 걸리기 때문이다.

이건 달리 말하면 현재의 퀘이사를 보는 게 아니라, 150억 년 퀘이사가 방출한 빛은 광활한 공간을 거쳐 지구에 도달하는 까닭에, 무수한 은하나 은하 집단을 지나오게 된다. 예를 들어, 태양광선이 지구 대기와 만나면 흡수되는데, 마찬가지 현상이 퀘이사의 빛에도 나타난다. 실제로 퀘이사의 빛 스펙트럼을 조사하면 적잖은 흡수선이 나타나는데, Q2145＋06이라는 퀘이사를 조사한 결과 100억 광년 떨어진 거리에 젊은 은하가 있고, 그 둘레로 15만 광년 범위로 가스가 드넓게 펼쳐져 있음을 알게 되었다.

우리 은하 주위에는 3만 광년 정도의 범위로 가스가 분포해 있다는 사실과 비교하면, 젊은 은하일수록 정력적으로 가스가 분출된다는 걸 유추할 수 있다.

그리고 퀘이사의 흡수선 중에는 은하의 것이라곤 볼 수 없는 흔적이 담겨 있는데, 은하로 자라기에는 질량이 부족해서 성체(成體)가 되지 못한 가스 구름이다. 퀘이사의 빛을 통해서 은하가 되려다 뜻을 이루지 못한 천체를 알게 된 셈이다. 이렇듯 퀘

이사는 우주의 진실에 한껏 다가서보려는 우리에겐 안성맞춤의
소재이다.

7

중성자별을 찾아서

별의 일생은 크게 세 갈래로 나눌 수 있다. 백색왜성, 중성자별, 마지막으로 블랙홀이다. 백색왜성으로의 종말은 천체물리학자들이라면 누구나 거부감 없이 받아들인 별의 운명이었다. 그러나 중성자별과 블랙홀은 그렇지 않았다. 원자핵 반응에 대한 변변한 근거조차 확보하지 못한 시대에 별 내부의 주요 과정을 탄탄하게 구축한 에딩턴은 중성자별과 블랙홀의 존재를 부정한 대표적인 인물이다. 에딩턴은 실질적인 최초의 천체물리학자로, 천체물리학에 기여한 공로가 결코 과소평가될 수 없는 인물이다. 그는 그러한 혁혁한 업적을 인정받아 런던 왕립천문학회 회장과 런던 물리학회 회장, 국제 천문학회 회장을 두루 역임했다. 그런 에딩턴이 중성자별과 블랙홀을 왜 단호히 거부한 것일까.

그 실체를 직접 찾아 나서보자.

중성자별의 프로필

결국 파국적인 종말을 맞는 별을 찾는 첫걸음은, 중력수축과 중력붕괴를 가름하는 중성자별에서 시작해야 한다. 중성자별의 프로필은 대충 다음과 같다.

> 반지름: 10여 킬로미터로 태양의 10만분의 1이다.
>
> 질량: 태양과 맞먹는다.
>
> 밀도: 각설탕 정도의 크기가 10억 톤 가까이 나간다.
>
> 중력: 지구의 1천억 배이다.
>
> 표면 자기장: 지구의 10조 배이다.

반지름, 질량, 중력, 표면 자기장 등을 모두 제쳐놓고 밀도만 고려해도 중성자별은 우리의 상상력을 무색하게 한다. 각설탕 하나의 크기라면 가로 세로 높이가 1~2센티미터 남짓일 텐데, 손톱만 한 게 무려 10억 톤에 이른다고 하니, 입이 딱 벌어지고 눈이 휘둥그레진다는 표현이 지나치지 않은 것이다. 이런 별이 정녕 존재하긴 하는 걸까?

스크럽의 발견

과학사를 돌아보면 걸출한 발견이 우연히 이루어지는 경우가 적잖은데 중성자별 역시 그렇다.

1964년 굉장히 빠르고 강력하게 깜빡이는 전파가 영국 하늘에서 포착되었다. 케임브리지 대학의 천체물리학자 휴이시(Antony Hewish)는 이것의 강도 변화를 연구하기로 마음먹었다. 이를 위해 새로운 전파망원경이 필요했는데, 짧고 빠르게 변화하는 섬광을 감지하려면 전파 수신기는 대형이어야 했기 때문이다. 그 작업의 주 참여자였던 대학원생 벨(Jocelyn Bell)은 당시 상황을 이렇게 회고한다.

"휴이시 교수가 전파망원경을 제작하기 시작할 무렵, 나는 박사과정 학생이었고 그 연구에 참여하게 되었습니다. 우리가 설치하려고 한 전파망원경은 18제곱킬로미터의 면적을 차지하는, 테니스코트가 무려 60여 개나 들어갈 수 있을 만한 거대한 장치였습니다. 우리는 천 개가 넘는 기둥을 세우고 2천 개 이상의 안테나를 줄로 연결했지요. 그걸 다 합쳐보니 전선과 케이블의 길이가 무려 190여 킬로미터에 이를 정도였습니다. 이 작업은 우리 연구팀 다섯과 천체물리학에 관심이 깊은 학부생 몇몇이 힘을 모아서 해냈습니다. 학부생들은 주로 방학 동안에 작업을 도와주었는데 그들은 무척이나 흥겨워했습니다. 일을 하는 내내 연신 큰 망치를 휘두르면서도 신이 나 있었으니까요. 2년 넘게 걸린 공사를 끝낸 뒤 1967년 7월, 마침내 우리는 전파망원경을 가동시켰습니다."

휴이시 연구진이 만든 전파망원경은 강하고 빠르게 수시로 바뀌는 전파를 탐지할 수 있는 최초의 거대 실험장치였다.

휴이시의 전파망원경은 우주에서 날아오는 전파를 순탄히 받아내고 있었다. 그러던 1967년 9월 말, 특이한 흔적이 발견되었다. 벨은 그때를 이렇게 회상한다.

"전파망원경의 조작과 데이터 분석은 휴이시의 지도 아래 내가 맡아서 하게 되었습니다. 관측 자료는 네 대의 차트 기록기에 표시되었는데 하루 평균 30여 미터의 기록용지가 필요했습니다. 그 기록들을 살피는 게 제 임무였습니다. 나는 그 결과들을 전산기에 연결하지 않고 직접 손과 눈으로 처리하기로 결정했습니다. 내가 인내와 끈기를 요하는 수작업으로 그걸 하겠다고 마음 먹은 데에는 전파망원경과 수신기의 작동 원리를 빠른 시일 내에 완벽하게 습득해야겠다는 결심 때문이었습니다. 또한 그 작업에 필요한 프로그램을 짜느니 차라리 이렇게 하는 편이 더 이로울 것이라는 생각도 작용했습니다."

요즘과 같은 컴퓨터 환경이라면 벨은 결코 그걸 수작업으로 할 필요가 없었을 것이다. 그러나 당시의 여건은 반도체를 소재로 한 퍼스널 컴퓨터란 꿈도 꾸지 못하는, 진공관을 사용한 집채

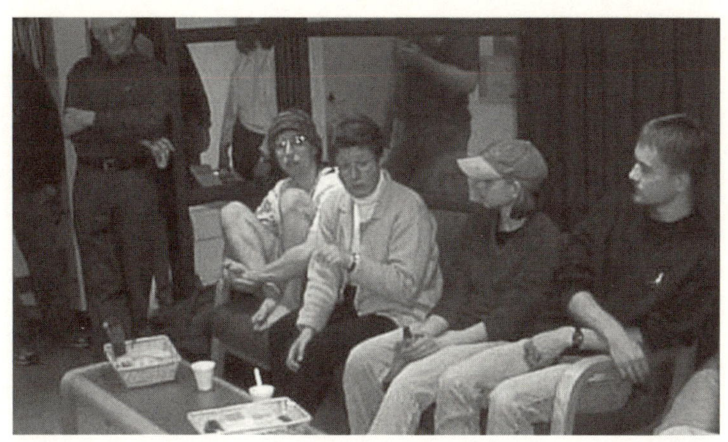

만 한 전산 기기가 수치 계산을 하는 환경이었다. 벨의 회상을 다시 들어보자.

"차트 기록지를 막상 대하자 당혹스러웠습니다. 삐죽삐죽한 선들 중 어느 게 섬광이고 어느 게 잡음인지 헷갈렸습니다. 그러나 차트 기록지를 한 100여 미터가량 꼼꼼히 분석하고 나자 섬광과 외부 잡음을 구별해낼 수 있게 되었고, 분석을 시작한 지 6~8주 뒤에는 스크럽을 발견할 수 있었습니다."

스크럽(Scruff)이란 목덜미, 비듬, 불결하고 단정치 못한 사람이나 물건이란 뜻으로, 벨은 차트 기록지에 나타난 전파 모양이 흡사 목덜미에 떨어진 비듬 같다고 본 듯싶다. 여하튼 그녀는 새로 제작한 거대 전파망원경이 관측해 쌓아놓은 엄청난 자료 더미 속에서 발견한 특이 흔적을 스크럽이라고 불렀다.

"그건 분명 별에서 날아온 섬광도, 우리 주변의 어떤 인위적인 잡음도 아니었습니다. 처음에는 이 요상한 흔적을 어떻게 처리해야 할지 몹시 난감했습니다. 차분히 기억을 더듬어보았습니다. 전에도 이와 비슷한 흔적을 본 것 같다는 생각이 퍼뜩 떠올랐습니다. 황급히 차트 기록지를 살펴보았습니다. 이와 같은 스크럽이 같은 시각 같은 구역을 기록한 용지에 그대로 나와 있었습니다. 순간 묘한 감정이 저를 짜릿하게 흥분시켰습니다."

같은 장소에서 그것도 같은 시각에 매번 이상한 전파가 방사되고 있다면, 우주의 비밀을 풀려는 천체물리학자에게 분명 주목할 만한 재료일 수밖에 없었다.

1.33초짜리 펄스

벨은 즉각 지도교수에게 이 사실을 알렸다.

"전파원의 변화를 보게나."

휴이시는 다소 흥분된 눈빛으로 기록지를 살피며 전파원이 상당히 빠르게 변한다는 사실에 특히 주목했다.

"흥미있는 결과야. 자넨 어떻게 보나?"

휴이시가 물었다.

"저도 그렇게 생각합니다."

벨도 자못 들뜬 억양으로 대답했다.

"이 전파원의 본질을 살피려면 새로운 차트 기록기를 이용한 좀더 자세한 조사가 필요할 것 같으니 보강된 데이터를 갖고 다시 논의해보세."

벨은 기록 속도가 한층 향상된 차트 기록기로 교체했다. 진동 주기가 짧은 전파를 잡기 위한 시도였다. 그녀는 전파 신호가 언제 어디에서 나온다는 걸 알고 있었으므로 전파를 관측할 수 있는 시간과 장소에 전파망원경을 맞추어놓은 채 모든 약속을 취소하고 망원경에 붙어 있었다. 그런데 막상 관측을 시도하고 보니 아주 고약한 사태가 벌어지고 말았다. 특이 전파가 잡히지 않는 것이었다. 벨은 그때를 이렇게 술회한다.

"10월이 지날 무렵이었습니다. 퀘이사 3C273에 대한 특별 시험도 무사히 마치고, 전파망원경 점검과 고속 차트 기록기 교환도 무리 없이 끝낸 상태였습니다. 나는 스크럽을 관측하기 위해 그 시간이면 어김없이 매일 관측소에 나가곤 했습니다. 그러나 아무런 소용이 없었습니다. 수주일 동안이나 특이 전파를 찾기 위해 갖은 애를 다 써보았으나 별무신통이었습니다. 그 동안 내가 잡은 전파는 하등 쓸모없는 잡음뿐이었습니다. 눈앞이 캄캄했습니다. 전파원은 내 박사학위와 함께 멀리 사라져버린 느낌이었습니다."

그러나 벨은 포기하지 않았다. 그 노력을 하늘이 가상히 여긴 것일까. 11월 말 전파원이 다시 나타났다. 벨의 말을 다시 들어보자.

"강의 때문에 하루 동안 관측을 쉰 다음 날이었습니다. 기존 차트 기록기에 스크럽이 기록되어 있더군요. 나는 부랴부랴 고속 차트 기록기를 연결했고, 며칠 후 특이 전파가 잡혔습니다. 그때가 1967년 11월 말경이었습니다. 고속 차트 기록기는 특이 전파의 깜빡임이 펄스(Pulse : 맥박처럼 일정한 간격으로 매우 짧은 주기로 발사되는 전파) 형태라는 걸 똑똑히 알려주고 있었습니다."

펄스의 시간 간격은 1.33초였다. 정확히 말하면, 1.33730109초였다. 벨은 이 사실을 휴이시에게 즉각 알렸다. 휴이시는 그때 학부생 실험 수업중이었는데 그녀의 기대와는 달리 그리 흥분하지 않았다.

"전파의 주기가 1억분의 1초까지 정확히 들어맞는다는 게 너무 인위적인 것 같다고 생각하지 않나? 이런 규칙적인 전파를 생명체가 없는 별이 내보낸다는 건 내 상식으로는 도저히 받아들이기 어려운데."

지도교수의 답변을 듣는 순간 조금 전까지만 해도 홍조를 띠고 있던 그녀의 안색이 창백해졌다.

'왜 나는 그런 생각을 못했을까? 돌다리도 두드려보고 건너야 하고, 느릴수록 돌아가야 하는 법이거늘, 잃어버린 걸 다시 찾았

다는 기쁨에 그만⋯⋯.'

벨은 자책했다. 간단한 논리적 분석조차 해보지 않은 채 그저 호들갑을 떨며 들떠 있던 자신이 부끄러웠던 것이다.

펄스의 진원지, 천상이냐 지상이냐

이튿날 전파가 나타날 즈음 휴이시 교수가 관측소에 나타났다. 벨은 긴장할 수밖에 없었다.

'전파가 포착되어야 하는데⋯⋯.'

펄스가 잡히지 않으면 어쩌나 하는 불안감이 벨의 가슴을 일순 옥죄었다. 지도교수 앞에서 자신의 발견이 무용지물이 되는 걸 바라는 대학원생은 아무도 없을 테니까. 그녀도 마찬가지였다. 시간은 초조하게 흘러갔다. 그러나 우려와는 달리 다행스럽게도 차트 기록지는 펄스를 선명히 그려내고 있었다. 안도의 한숨이 절로 나왔다. 그러나 한편으로 문제는 다소 복잡해졌다. 이젠 펄스의 본질을 규명해야 했기 때문이다.

"펄스의 정체가 무엇일까?"

휴이시와 벨 그리고 연구진은 고민했다. 그러나 답은 그리 쉬떠오르지 않았다. 휴이시가 차트 기록지를 보고 나서 한 말이 그들의 머리에 맴돌 뿐이었다.

"펄스는 정말 인위적 방사일까?"

휴이시 그룹의 의견은 크게 둘로 갈라졌다. 한쪽은 펄스의 진원(震源)이 천체일 거라 주장했고, 다른 한쪽은 사람이 만든 기계 장치일 거라고 보았다. 펄스가 우주에서 온 것이라고 주장하는 이들은 펄스가 하루 중 특정 시간에만 나타나고, 전파망원경으로 포착된다는 점을 근거로 들었다. 그러나 휴이시 그룹의 대다수는 사람이 만든 인위적 장치일 거라는 데 더 무게를 두었다. 그들이 그렇게 판단한 근거를 들어보자.

"펄스는 천문 현상과는 무관하다고 보는 것이 합당할 것입니다. 왜냐하면 별은 사고(思考)할 수 없는 물질인데, 그러한 존재가 방출했다고 보기에 전파 펄스는 너무도 정밀한 규칙성을 띠고 있기 때문입니다. 그래서 이 펄스는 우리와 같이 지적인 능력을 갖춘 생명체가 방출한 것이라고 보는 편이 더 설득력이 높다고 생각하는 것입니다. 매일 정해진 시간에만 작동하도록 조정된 기기의 예를 들어보죠. 식사 시간을 알리기 위한 전파 신호나, 아마추어 무선사가 보낸 전파, 자동차 플러그에서 스파크가 터질 때마다 방출된 전파 펄스 등을 고려해볼 수 있지 않겠습니까?"

그렇다. 주기가 일정한 펄스를 우리는 주변에서 어렵지 않게 찾아볼 수 있다. 그렇다고 해서 벨이 발견한 펄스가 이런 것 중 하나일 거라고 딱 부러지게 단언하기도 어렵다. 어디 그뿐인가?

휴이시와 벨은 펄스의 진원지로 지상을 꼽았으나 이것이 하늘에서 온 게 아니라고 100퍼센트 확신할 수도 없는 노릇이다. 왜냐하면 그들의 판단은 확실한 근거에 의해 내려진 게 아니라 막연한 추측이기 때문이다. 막연한 추측을 사실로 포장하는 것은 자연의 비밀을 파헤치는 일에서 맨 먼저 버려야 할 악습이다.

그래서 펄스의 정체가 무엇인가를 알아보려면, 그에 앞서 대체 펄스가 어디에서 왔는지부터 명확히 밝힐 필요가 있었던 것이다.

천상이냐, 지상이냐 그것이 문제로다.

펄스의 진원지 확인

특이 전파의 진원지를 가려낼 수 있는 방법은 없는 걸까? 사고실험을 해보자.

펄스가 인위적으로 만들어진 거라면 지상에서 방출했을 테고, 그렇지 않다면 우주 공간에서 날아왔을 것이다.
지상에서 펄스를 일으킬 수 있는 요인은 한둘이 아니다.
반면 우주 공간에서 펄스를 만들 수 있는 요인은 얼마 안 된다.
아니, 대부분 천체가 방출한다고 해도 과언이 아니다.

솔직히 그렇지 않은가. 지상의 수많은 펄스 방출체 중 대체 어느 것이 벨이 발견한 펄스와 동일한 전파를 내놓는지 어떻게 가려낸단 말인가. 이건 넓디넓은 모래사장에서 바늘을 찾는 것만큼이나 무의미한 행동이다. 이를테면 전자시계에서 나오는 신호, 아니면 자동차의 스파크 방전이 원인이라고 추정된다고 해도 전 세계의 모든 시계와 자동차를 일일이 확인할 수도 없는 일이잖은가.

이런 사실을 떠나서라도 벨의 입장에선 지상의 요인을 먼저 조사할 필요가 없었다. 그녀는 시계 제조업자나 자동차 공학도가 아니다. 우주의 비밀을 캐는 천체물리학자이다. 지상의 펄스는 그녀의 연구에 하등 도움이 되지 않는, 제거해야 할 잡음일 뿐이다. 우주에서 온 펄스, 그것만이 그녀의 연구에 화답할 수 있는 의미 있는 재료인 것이다.

벨은 천체를 관측해보기로 했다. 그런데 여기서 의문이 생긴다. 펄스가 천체에서 온다는 걸 어떻게 검증한다는 거지? 사고 실험을 이어가자.

밤하늘을 본다.

북두칠성도 있고, 큰곰자리도 있다.

그러나 이들이 항상 제자리에 있는 건 아니다.

사시사철 위치가 변한다.

지구가 자전하고 공전하면서 움직이기 때문이다.

그뿐인가.

거시적으로 보면 우주에서 정지해 있는 건 아무것도 없다.

별은 회전하고, 은하는 이동한다.

지구와 함께 관측자도 움직이고, 관측 대상도 움직이니

세월의 흐름에 따라 천체의 위치가 달라지는 건 당연하다.

천체의 위치가 변한다면……

그렇구나!

펄스의 위치도 바뀐다는 뜻이구나.

우주 속 미지의 천체가 펄스를 내보낸다면, 천체의 위치는 변하니까 펄스 방출 장소도 그에 따라 자연히 달라질 것이다. 그러니 펄스의 천계 위치가 바뀌는지 아닌지를 주시하면 펄스의 근원지가 지상인지 아닌지를 가려낼 수 있을 것이다.

벨은 전파망원경으로 펄스를 관측했다. 별자리의 이동이 하루 이틀 사이에 금방 확연히 드러나는 게 아니어서 그녀의 관측은 수개월간 이어졌다. 몇 달 동안 조사한 펄스를 검토한 그녀의 얼굴에 득의의 미소가 떠올랐다. 펄스의 위치가 변한 것이다.

작은녹색인간

특이 전파는 우주의 천체에서 온다는 게 확인되었다. 이견이 있던 해석이 깔끔하게 마무리되었으니 기뻐 날뛸 만도 했지만 사실은 그렇지 못했다. 휴이시와 그의 연구진은 오히려 당혹스러워했다.

"아니야, 아니야, 그럴 리가 없어. 천체가 어떻게 전파를 이토록 정확한 주기로 내보낼 수가 있단 말인가?"

그들은 절레절레 고개를 흔들었다. 이러한 반응도 무리는 아니었다. 그때까지 이처럼 완벽한 주기로 진동하는 전파는 보고된 적이 없었기 때문이다. 새로운 자연 현상의 발견은 크나큰 선물이 아닐 수 없다. 그렇다 하더라도 명쾌한 해석이 뒤따라야만 한다. 그렇지 않고 두루뭉술 넘어간다거나 적절한 의미를 부여하지 못하면 정당한 평가를 받을 수 없다. 이 경우가 바로 그런 예인데 훗날 벨은 다음과 같이 안타까움을 토로했다.

"펄스에 대해 장기간 회의를 했으나 아무런 소득 없이 끝나버렸습니다. 나는 집으로 돌아오는 내내 무척이나 신경이 곤두서 있었습니다. 그즈음 나는 박사학위를 막 취득하려는 참이었는데 난데없이 골치 아픈 문제가 불거졌기 때문입니다."

 벨이 사실을 확인했음에도 휴이시 연구팀은 펄스에 대한 기존 생각을 버리지 않았다. 진전 없이 회의는 연일 계속되었다. 그러는 가운데 심히 부담스러운 사태에까지 이르게 되었다. 세 사람의 가상 대화로 그 상황을 연출해보자.

"펄스는 자연적으로 발생한 게 아닙니다."

A가 단호하게 말했다.

"지상에서 방출된 게 아니지 않습니까?"

B가 반박하듯 물었다.

"그래도 아닌 건 아닙니다."

"음……."

"한번 생각해보세요. 별과 같은 천체가 지능이 있을 리도 없는데, 어떻게 1억분의 1초까지 딱 맞추어가며 전파를 방출할 수 있겠습니까?"

"그렇긴 합니다. 그렇지만 펄스는 분명 우주에서 날아왔지 않습니까?"

"그게 딜레마죠."

"아, 아닙니다. 딜레마가 아닙니다."

C가 끼어들었다.

"해결책이 있다는 건가요?"

B가 반갑게 물었다.

"네."

"그게 뭐죠?"

"자꾸 지능이 없다고만 가정했기 때문에 딜레마에 빠진 겁니다."

"그게 무슨 뜻이죠?"

A가 물었다.

"어렵게 생각할 필요 없습니다."

"어렵게 생각할 필요가 없다……."

"그렇습니다. 지능이 있다고 생각하는 겁니다."

"우주에 지능이 있다…… 천체 자체가 사고 능력이 있을 리는 없을 터이니…… 그렇다면!"

"그래요, 외계인이 존재한다고 보는 겁니다."

그랬다. 휴이시 연구진은 특이 전파가 외계인이 쏘아 보낸 펄스라는 잠정 결론을 내린 것이다. 그들은 이 가상의 외계인을 작은녹색인간(Little Green Man, 줄여서 LGM)이라고 불렀다.

작은녹색인간 확인 작업 1

휴이시 연구팀은 고도로 문명화된 외계인을 발견한 걸까? 특이 전파는 외계인이 자신의 존재를 알리기 위해 지구로 쏘아 보낸 펄스일까? 그것이 사실이라면 반가움을 넘어 덜컥 겁을 집어 먹을 일이다.

휴이시와 그의 학생들은 작은녹색인간의 존재 가능성을 높게 보았다. 하지만 그렇다고 무작정 발표할 수도 없었다. 거짓으로 판명날 경우 되돌아올 부메랑을 우려했기 때문이다. 만에 하나 사이비 과학자로 낙인찍히면 그 동안 쌓아온 업적이 일순 무너져내릴 수도 있는 일이다. 섣부른 외계인 발표는 그만큼 위험한 일이었다.

그래서 확인을 해야 했다. 펄스가 나온 그곳에 작은녹색인간이 있을 가능성을. 휴이시 연구팀은 그 확률을 진지하게 점검해 보기로 했다. 그런데 다른 단서가 잡혔다. 벨의 기억을 좇아 당시의 상황을 들여다보자.

크리스마스 직전이었습니다. 휴이시 교수를 만나 어떤 결론을 내릴지 심도 있게 논의했습니다. 우리는 외계 문명이 펄스를 보내고 있다는 데 선뜻 동의하지는 않았지만, 그렇다고 외계인의 존재 가능성을 완전히 부정할 수만도 없었습니다. 솔직히 우리에겐 확신이 없었습니다. 펄스는 분명히 지구가 아닌 우주 공간에서 날아왔으니까요.

이 문제는 상당히 부담스러우면서도 무척이나 흥미있는 논쟁거리였습니다. 외계 생명체가 아닐 경우 우리 그룹은 전 세계적인 웃음거리가 될 것입니다. 그러나 정녕 외계 생명체라면 우리는 외계인을 발견한 최초의 지구인이라는 영예를 안게 될 겁니다. 노벨상도 받을 수 있는 대단한 업적이 되겠죠.

우리는 이 문제를 놓고 적잖은 대화를 나누었습니다.

"우리가 정말 외계인을 발견한 걸까요?"

"그게 사실이라면 어떻게 발표하는 게 최선일까요?"

"또 누구에게 가장 먼저 알려야 하죠? 총장님인가요, 신문사인가요, 방송사인가요, 권위 있는 학술지 편집장인가요……."

그러나 우리는 적절한 결론을 내리지 못했습니다.

저녁식사 후 나는 실험실로 들어갔습니다. 자료를 분석하느라 시간 가는 줄 몰랐습니다. 밤이 깊어 일을 끝내려는 참에 데이터 하나가 눈에 들어왔습니다. 카시오페이아 자리 근방에서 나오는 전파원에 관한 것이었는데, 그 안에 스크럽이 있었던 겁니다. 내가 지난번 발견했던 것과 유사한 모양의 펄스였지요. 나는 부랴부랴 이전 자료를 찾아 꼼꼼히 훑어보았습니다. 스크럽이 보였습니다. 펄스는 이튿날 새벽에 다시 나타날 걸로 보였습니다.

몇 시간 뒤 나는 관측소에 있었습니다. 겨울 새벽이라 날씨가 상당히 매서웠습니다. 걱정이 되었습니다. 기온이 뚝 떨어지면 전파망원경의 수신율이 급격히 떨어지기 때문입니다. 펄스를 잡을 시간은 다 되어가는데 수신 상태가 좋지 않았던 겁니다. 황급히 기기의 스위치를 연거푸 껐다 켰다를 반복해보기도 하고, 기계에 입김을 불어넣으며 원활히 작동하게 해달라는 기도를 드리는 등 수신율을 높이기 위해 할 수 있는 모든 짓을 다 했습니다. 그렇게 대충 5분쯤 흘렀을 겁니다. 그 노력을 신이 가상히 여겼던지, 스크럽이 잡힌 겁니다. 이번 펄스는 앞의 것보다 조금 빠른 1.2초 정도의 주기를 갖고 있었습니다.

휴이시 그룹은 벨이 발견한 첫번째 특이 전파를 작은녹색인간 1(LGM1)이라 불렀고, 새로이 발견한 펄스를 작은녹색인간 2(LGM2)라고 불렀다. 다시 벨의 기억으로 돌아가자.

LGM2도 일정한 간격으로 발생한다는 사실을 안 나는 몹시 기뻤습니다. 그 동안 골머리를 썩이던 문제가 해결되었다고 생각했기 때문이지요. 다른 두 외계인이 엇비슷한 주파수 영역대의 펄스를 지구라는 하나의 행성을 향해 똑같이 보낸다고는 보기 어려웠기 때문입니다. 나는 차트 기록지를 휴이시 교수의 책상에 놓아두고 크리스마스 휴가를 보내기 위해 떠났습니다.

내가 크리스마스를 즐기는 동안 휴이시 교수는 나 대신 조사를 계속했습니다. 그는 새 용지를 갈아 끼우고, 잉크를 새로 채우면서 전파를 계속 탐지해 자료를 내 책상 위에 올려놓았습니다. 휴가에서 돌아온 나는 고마운 마음으로 차트 기록지를 살폈습니다. 그리고 두 개의 스크럽을 또 발견했습니다. 우리는 새롭게 발견한 펄스를 작은녹색인간3(LGM3), 작은녹색인간4(LGM4)라고 불렀습니다.

벨의 판단은 적절한 듯했다. 작은녹색인간을 보낸 생명체가 정녕 고도의 문명을 지닌 외계인이라고 하면 어슷비슷한 주파수대의 전파를 마구 보낼 리는 없을 것이라는 게 그녀의 생각이었다. 다른 대역의 주파수도 많은데 굳이 이 영역대의 전파만을 보내서 수신인이 혼선을 빚게 만들 필요는 없을 거라는 판단이었던 것이다. 지구인에게 그들의 존재를 알릴 의도가 정말 확실했다면 혼선을 일으키지 않는 다른 주파수대를 사용하든가, 특이 주파수 영역의 전파를 내보내든가 하지 이런 보편적인 펄스를 방사하지는 않을 것이라는 게 그녀의 생각이었다. 작은녹색인간이 외계인이 보낸 펄스가 아닐 거라는 그녀의 확신은 점점 굳어갔다.

벨의 이런 확신에도 작은녹색인간에 대한 의문은 완전히 가시지 않았다. 연구진이 여러 의견을 개진했다.

작은녹색인간은 등대 신호와 매우 흡사합니다. 벨이 발견한 펄스는 어쩌면 우주 여행자에게 천상의 위험지역을 알려주는 신호가 아닐까요? 외계의 문명인 사이에선 이미 보편화된, 항해를 도와주는 보조 수단이 아닐까 하는 거죠.

움직이는 자동차의 플러그에서 스파크가 일듯, 우주 공간을 항해하는 우주선에서 나오는 불빛이 아닐까요?

우리가 혹시 천상의 대화를 우연히 엿들은 건 아닐까요? 고도로 문명화된 외계인이 우리에게 뭔가 알려주기 위해 의도적으로 흘린 신호는 아닐까요? 외계 생명체가 지구인과 접촉하기 위해서 방사한 신호인데 우리가 그걸 제대로 인지하지 못하고 있는 건 아닐까요?

이렇듯 사람마다 작은녹색인간을 해석하는 관점은 제각각이었다. 발견한 4개의 작은녹색인간이 엇비슷한 진동 특성을 보인다고 해서 무조건 외계 생명체를 부정하는 근거로 삼을 수도 없는 일이었다. 외계인의 입장에서 보면, 이 주파수대가 가장 손쉽

게 처리할 수 있는 영역일 수도 있기 때문이다. 그래서 휴이시는
다른 검증 방법을 찾았는데…… 사고실험을 하자.

이런 이유 때문에, 지구와 엇비슷한 환경을 갖춘 곳이라면 생
명체가 존재할 가능성이 높다고 보는 것이다. 이와 같은 논리로,
외계 생명체의 존재 가능성을 확인하려는 외계문명 탐사 작업을
세티(SETI : Search for Extraterrestrial Intelligence)라고 한다. 사
고실험을 이어가자.

어디 그뿐이랴.

숨쉴 대기와 마실 물까지 넉넉하다.

생명체가 보금자리를 틀기에는 이보다 더 좋을 수 없는 조건이다.

그러니 외계 생명체의 삶의 터전 역시 이러한 환경과 크게 다르지 않으리라.

활활 타오르는 태양 같은 별이 중심에 있고, 행성이 그 둘레를 돌고 있으며, 온도와 공기와 물이 조화로이 어우러진 곳 말이다.

그래서 외계 생명체를 찾는 문제는 '태양-지구' 쌍과 같은 '별-행성'을 찾는 것으로 귀착한다. 휴이시는 펄스가 나오는 지역을 면밀히 관측해보았다. 그러나 그곳에 행성이 있을 단서를 찾아내는 데는 실패했다. 이로써 잠시 그들을 들뜨게 했던 외계 생명체 소동은 한때의 해프닝으로 일단락되었다.

말이 많았던 노벨 물리학상

1968년 1월 휴이시 연구팀은 그 동안의 연구 결과를 케임브리지 세미나에서 발표했다. 그 자리에는 호킹과 그의 지도교수 시아마, 그리고 리스 등 각계의 내로라하는 천체물리학자가 참석했다. 벨은 그후 박사학위 논문을 완성하고 직장을 구해 케임브리지를 떠났다.

벨이 발견한 특이 전파는 펄스를 발하는 별(Pulsing Star)이란 뜻으로 펄사(Pulsar)라 부르게 되었다. 우리말로는 맥박이 뛰듯이 전파를 발산하는 별이란 의미로 맥동(脈動)별이라고 한다.

1968년 2월 세계적 학술지인 『네이처 *Nature*』에 휴이시 연구진의 펄사 발견이 주요 기사로 실렸다. 『네이처』는 사안의 중요성을 인지해 겉표지에 '가능성 있는 중성자별(Possible Neutron Star)'이라는 글귀를 집어넣었다.

휴이시는 이 업적을 인정받아 케임브리지의 동료 교수인 리스와 함께 1974년 노벨 물리학상을 수상했다. 그러나 펄사의 최초 발견자인 벨은 수상자에서 빠졌다. 이를 두고 많은 말들이 오갔다. 여성학계에선 벨이 여성이기 때문에 불이익을 당한 게 아니냐고 강력히 항의하기도 했다.

펄사는 중성자별 1

휴이시 연구진은 펄사의 정체를 설명하는 데 실패했고, 이는 다른 천체물리학자들의 몫으로 넘어갔다. 펄사 발견은 대단한 반향을 불러일으켜서 전 세계 천체물리학자들의 연구욕을 자극했다. 펄사를 관측할 수 있는 특수 장비에 대한 쟁탈전이 여기저기서 벌어졌다. 망원경의 사용 허가를 이미 받았던 학자들은 펄사를 관찰하려는 동료 학자들의 때 아닌 공세에 톡톡히 시달려야 했다.

"자네의 관심사는 펄사가 아니잖은가. 그러니 오늘 저녁에 천체망원경을 볼 수 있는 권한을 나에게 위임해주면 자네가 필요할 때 내 사용 권리의 일 주일치를 내주겠네."

최전선 연구 과제에 대한 과학자들의 연구 열의는 실로 대단하다. 하루라도 먼저 특허승인을 받은 사람이 모든 권리를 절대적으로 행사할 수 있듯이, 과학자의 연구도 누가 먼저 결과를 내놓느냐에 따라서 최초 발견자가 되느냐 아니냐가 결정된다. 과학에서 최초 발견자는 매우 중요해서, 예를 들어 어떤 업적이 노벨상을 받을 만한 가치가 충분하다고 해도 두번째 발견자는 빛을 보지 못하는 것이 이 동네의 불문율이다.

여하튼 이 무렵 몇 달은 가히 펄사 연구의 황금기라고 할 만큼 양적으로나 질적으로 폭발적이었다. 천체물리학계의 대표적인 학술지는 물론이고, 저명 물리학 학술지의 주요 논문은 모두 이와 관련된 주제를 다루었다. 새로운 펄사를 발견했다는 논문, 펄사가 방출하는 빛 속에 득이한 성질이 있다는 논문 등등 펄사 연구의 폭과 깊이는 나날이 넓어지고 깊어졌다. 그럴수록 그들의

주 관심사는 펄사가 방출하는 전파의 놀랄 만한 규칙성에 모아
졌다.

　별이 전파를 내는 건 그리 특별한 현상이 아니다. 태양계의 수
장인 태양도 우주도 퀘이사도 전파를 방출하고 있지 않은가. 물
론 방출하는 양은 차이가 있지만 무수한 천체가 전파를 방출하
고 있다. 하지만 그들 대부분은 불규칙적인 데 반해 벨이 발견한
펄사는 너무도 규칙적이다. '자연적인 현상이 어쩜 그리도 규칙
적일 수 있을까' 라는 의문을 누구라도 품을 만큼. 대체 어떤 역
학적인 원리가 숨어 있는 걸까?

펄사는 중성자별 2

사고실험을 하자.

벨이 발견한 펄사 LGM1은 주기를 갖는다.

주기를 갖는다는 건 진동을 한다는 뜻이다.

하면 펄사 LGM1이 좌우나 상하로 요란스레 널뛴다는 말인

가?

그러나 이건 좀 받아들이기 어렵다.

펄사 LGM1은 천체가 분명한데, 그 엄청난 몸집으로 용수철이 왕복하듯 자연스럽게 궤도를 이탈했다가 복귀하는 운동을 반복한다는 게 납득하기 어려운 일이다. 사고실험을 이어가자.

> 펄사 LGM1이 용수철 운동을 한다고 치자.
>
> 그렇다고 전파가 잡혔다 안 잡혔다 할 이유는 없다.
>
> 그러나 분명한 건 그런데도 펄사 LGM1이 방출한 전파가 지구에서 보였다 안 보였다를 반복한다는 것이다.
>
> 이를 어찌 해석해야 한단 말인가?
>
> 가, 가만……
>
> 주기적으로 나타났다 사라졌다를 반복하는 상황은……
>
> 그래, 회전, 회전이야!

그렇다. 천체가 회전하면, 관측자는 펄사 LGM1을 주기적으로 마주하게 된다. 예를 들어 사랑하는 연인의 얼굴만 똑바로 마냥 바라보고 싶은데 그 친구가 몸을 돌리면 어쩔 수 없이 옆과 뒤를 바라볼 수밖에 없다. 마찬가지 이치가 펄사 LGM1에 적용된다는 뜻이다. 그러니까 우리가 펄사 LGM1의 전파를 볼 수 있는 건 그것이 지구 쪽을 향할 때뿐인 것이다. 그러나 이것으로 문제가 해결된 건 아니다. 난관은 여전하다. 사고실험을 이어가자.

휴이시 연구진이 펄사 LGM1~LGM4를 발견한 이후, 다른 학자들이 새로운 펄사를 속속 발견했는데 초당 한 번씩 자전하는 건 상당히 느린 축에 속했다. 그중에는 무려 초당 600번을 회전하는 것도 있다. 초당 수백 번을 회전하는 펄사를 밀리초 펄사라고 한다. 지구가 자전하는 데 24시간이 걸리는 것과 비교하면 펄사의 회전 속도는 가공할 만하다는 표현으로도 부족한 듯싶다. 사고실험을 계속하자.

물체가 회전하면 밖으로 뻗치는 힘이 생긴다. 이름하여 원심력이다. 원심력은 물체의 질량이 크고, 반지름이 길고, 회전이 빠를수록 커지는데 지구의 경우 자전 주기가 1시간 이내가 되면 원심력을 더는 견디지 못하고 산산조각이 나버린다. 천체가 초당 한 바퀴씩 자전을 한다는 걸 물리적으로도 수용하기 어렵다는 뜻은 이런 의미이다. 사고실험을 이어가자.

백색왜성은 전자와 원자핵이 단단히 묶인 별로, 가로와 세로의 높이가 1센티미터 남짓한 크기라도 무게는 무려 수십 톤이나 나간다. 그만큼 강한 내부 결속력을 자랑한다. 하지만 이 정도로는 초당 1회전의 자전속도를 감당해낼 수가 없다. 더구나 그 뒤에 초당 수십, 수백 번 회전하는 펄사가 발견됨으로써 백색왜성과 펄사의 동일성에 대한 가정은 더는 버티지 못하게 되었다. 펄사는 중성자별일 수밖에 없는 것이다.

1968년 천체물리학자 골드는 분분한 논란의 종지부를 찍듯이

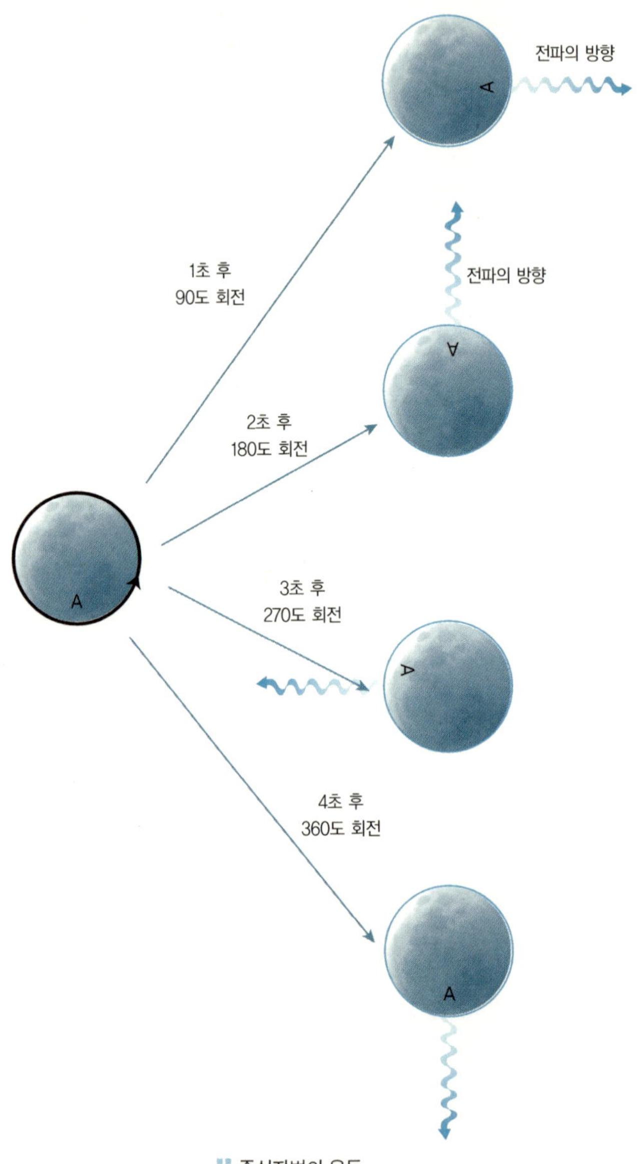
전파의 방향
1초 후
90도 회전
전파의 방향
2초 후
180도 회전
3초 후
270도 회전
4초 후
360도 회전
중성자별의 운동

다음과 같은 결과를 발표했다.

"펄사는 빠르게 자전하는 중성자별이 분명하다. 놀라운 속도로 자전하기 때문에 중성자별에서 나오는 전파가 흡사 등대가 내보낸 불빛처럼 지구에 주기적으로 도달하는 것이다."

골드의 결론은 다음과 같은 예로 간단히 설명된다. 중성자별의 주기가 4초라고 하자. 그러면 중성자별은 1초마다 90도 회전하는 꼴이다. 중성자별의 전파가 나오는 곳이 A지점이라고 하면, 중성자별이 자전을 하고 그곳이 다시 지구로 향하는 데는 꼭 4초가 걸리는 셈이다. 그래서 중성자별은 쉼 없이 전파를 내고 있지만, 지구에선 A를 대면할 때만 중성자별에서 방출된 전파를 관측할 수 있는 것이다. 등대가 사방으로 불빛을 쏘아대지만 회전하는 탓에 불빛이 우리 쪽을 향할 때만 불빛을 확인할 수 있는 것처럼.

오펜하이머와 그의 제자들이 예측한 백색왜성 너머의 천체가 존재한다는 게 명백히 확인된 셈이다. 그러니 중력붕괴의 또다른 실체이며, 천체 수축의 최종 종착점인 블랙홀이 가능할 거라는 생각은 이로써 많은 학자의 동의를 얻게 되었다.

블랙홀을 찾는 몇 가지 방법

블랙홀, 어떻게 확인하나?

수압을 더는 이기지 못하고 둑이 터지는 순간 상황은 급변한다. 흔히 봇물 터진다는 표현을 하는데, 블랙홀의 경우에도 이와 유사한 극적인 반전이 일어난다. 사고실험을 하자.

백색왜성 이후의 별의 진화과정은 전적으로 중력붕괴가 이끌어간다.

첫 중력붕괴는 중성자별에서 멈춘다.

이때 중성자의 축퇴압력과 중력은 평형을 이룬다.

그러나 중력이 이보다 강하면 중성자의 축퇴압력은 무용지물

여기서 무한의 점이란 크기는 없고 밀도는 무한대인 점을 가리킨다. 이것이 블랙홀의 중심으로, 흔히 특이점이라고 부른다. 마지막 장벽이 무너지는 순간, 거의 광속에 가까운 속도로 중력붕괴가 진행되는 까닭에 특이점까지 도달하는 데는 채 1초도 걸리지 않는다. 그러니까 눈 깜빡할 사이에 중성자 단계의 별이 블랙홀이 되는 것이다. 물론 이것은 퀘이사와 같은 초대형 블랙홀(Supermassive Black Hole)이 아닌, 태양보다 수십 배 무거운 별이 붕괴하는 과정이다.

당연한 이야기이지만, 블랙홀은 무거울수록 더 큰 공간을 차지한다. 블랙홀의 크기라고 볼 수 있는 중력반지름은 블랙홀의 질량에 비례한다. 블랙홀 A와 B의 질량 차가 10만 배라면, 중력반지름도 10만 배 차이가 난다는 말이다. 이를 통해 우리는 블랙홀의 크기를 어렵지 않게 가늠할 수 있다. 이 책의 초반부에서 언급했듯이, 태양이 블랙홀로 변하면 슈바르츠실트 반지름은 대략 3킬로미터 남짓이 된다. 그러므로 태양보다 10억 배 무거운 천체가 블랙홀이 되었다면, 중력반지름은 3킬로미터의 10억 배인 30억 킬로미터가 되는 것이다. 30억 킬로미터라고 하면 언뜻 엄청나다고 생각할지 모르겠으나 우주에서 이 정도는 대수롭지 않은 수치다. 태양에서 천왕성까지의 평균 거리는 29억 킬로미터, 해왕성까지는 45억 킬로미터이니 중력반지름이 30억 킬로미터인 초대형 블랙홀은 기껏해야 태양에서 천왕성과 해왕성 사이의 공간에 들어갈 정도일 뿐이다. 이 정도의 초대형 블랙홀이라면, 우리 은하 하나로는 도저히 감당하지 못하는 빛과 에너지를 방출하는데 그것이 차지하는 면적은 고작 태양계에도 미치지 못하니 블랙홀의 경이로움에 새삼 놀랄 수밖에 없다. 사고실험을 계속하자.

블랙홀의 중력은 그 흡인력이 무한하다.

그래서 특이점 안으로 한번 빨려 들어가면, 그 무엇도 결코 빠져나올 수 없다.

이 세상 최고의 속도를 자랑하는 빛조차 특이점 밖으로는 탈출하지 못하는 것이다.

빛을 흡수하되 방출하지는 않으니 검디검을 수밖에 없다.

그러니 보이실 않는다.

그러면 어떻게 찾는단 말인가?

다시는 헤어 나오지 못하는 우주 공간의 깊디깊은 수렁이라고 할 수 있는 블랙홀, 이것의 존재 가능성은 이론적으로는 하등 의심할 여지가 없다. 그러니 찾아야 할 것이다. 볼 수 없는 걸 찾아내는 흥미로운 여정을 떠나보자.

블랙홀 확인법

호킹은 블랙홀 찾기의 어려움을 이렇게 표현했다.
"지하 석탄 창고에서 검은 고양이를 찾는 것과 같다."
사고실험을 하자.

블랙홀을 확인하는 가장 확실한 방법은 광학망원경으로 보는 것이다.
그러나 블랙홀이 가시광선을 방출하지 않으니 이건 가능하질 않다.
어디 그뿐이랴.
가시광선은 물론이고 자외선, 적외선, 전파 등등 그 어떠한 빛도 블랙홀은 내보내지 않는다.
그래서 자외선 망원경, 적외선 망원경은 물론이고 중성자별 발견의 일등 공신인 전파망원경조차 아무런 쓸모가 없다.

그러면 어찌해야 할까?

보이지 않는 존재라면, 누구나 한 번쯤 머릿속에 그려보았을 투명인간이 있다. 보이지 않으니 그 실체를 직접 확인할 수는 없으나 대신 간접적으로 확인할 수는 있다. 예를 들어, 투명인간이 옷을 입을 때 그 동작에 따라 옷이 허공에서 출렁일 테고, 우리는 그 자리에 투명인간이 있으리라 짐작할 수 있는 것이다. 이 방식을 블랙홀 찾기에도 그대로 적용해볼 수 있는데, 사고실험을 계속하자.

블랙홀 자체에는 기댈 게 없다.

그러니 주위로 눈을 돌려야 한다.

별이 회전을 한다.

천체의 회전에는 반드시 중심축이 있게 마련이다. 다시 말해 천체는 중심축을 따라 회전하는 것이다. 예를 들어, 지구는 중심을 관통하는 자전축을 따라서 하루 주기의 자전을 하고, 태양과 지구 사이의 공통 질량 중심을 축으로 일 년 주기의 공전을 한다. 두 천체의 질량이 같으면 공통 질량 중심은 두 천체 사이의 중간 지점이 된다. 그러나 태양은 지구에 비해 월등히 무거운 까

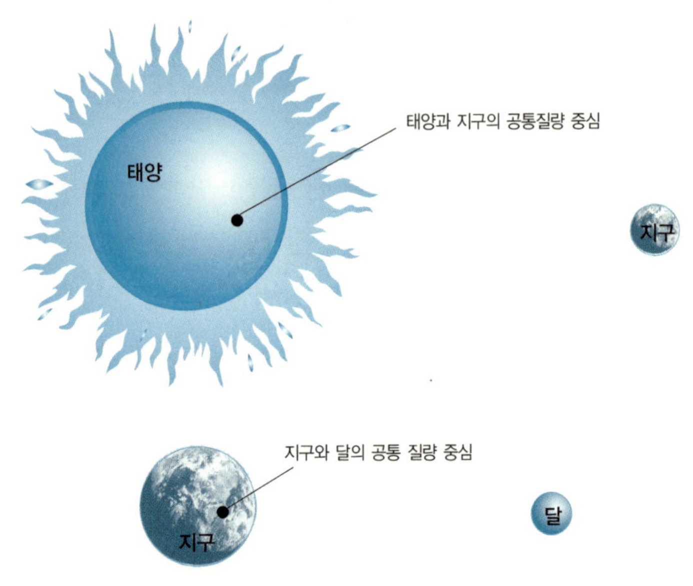

■■ 태양과 지구, 지구와 달의 공통 질량 중심

닭에 두 천체 사이의 공통 질량 중심은 태양 자체 내에 만들어진다. 마찬가지로 지구와 달의 질량 중심도 두 천체 사이의 현격한 질량 차이로 지구 안에 존재하는데, 다음은 이에 대한 계산 과정이다.

지구에서 달까지의 거리 $= 3.82 \times 10^8 \text{m}$

달의 질량 $= 7.36 \times 10^{22} \text{kg}$

지구의 질량 $= 5.98 \times 10^{24} \text{kg}$

$$\text{지구와 달의 질량 중심} = \frac{\text{지구의 질량} \times \text{지구까지의 거리} + \text{달의 질량} \times \text{달까지의 거리}}{\text{지구의 질량} + \text{달의 질량}}$$

지구에서 지구까지의 거리 = 0이므로,

이 식에 값을 넣어 계산하면 지구와 달의 질량 중심은 5000킬로미터가 나온다. 지구의 평균 반지름이 6400킬로미터쯤이니 지구와 달의 질량 중심은 지구 내부에 있다.

같은 방법으로 지구와 태양의 질량 중심을 계산해보자.

필요한 값은

지구에서 태양까지의 거리 $= 1.5 \times 10^{11} m$

태양의 질량 $= 1.99 \times 10^{30} kg$

값을 대입해 넣으면 태양과 지구의 질량 중심은 4.5×10^{5}미터이다. 이 값은 태양의 평균 반지름인 6.96×10^{8}미터보다 월등히 작다. 따라서 태양과 지구의 질량 중심은 태양 내부에 있게 된다.

자전하는 별도 있고, 공전하는 별도 있다.

자전은 홀로 회전하는 운동이다.

그러니 다른 천체의 영향을 받지 않는다.

그러나 공전은 그렇지 않다.

다른 천체와의 상호작용으로 나타나는 운동이기 때문이다.

천체가 상호작용하는 근본 원인을 뉴턴은 만유인력이라 보았고, 아인슈타인은 시공간의 뒤틀림이라 보았다. 다시 사고실험으로.

블랙홀의 최초 명명자인 휠러는 이 상황을 다음과 같이 멋지게 비유했다.

남녀가 무대 위에 올라선다. 남자는 검은색 정장, 여자는 흰색 드레스 차림이다. 두 사람은 팔을 끼고 흥겹게 춤을 춘다. 무대 조명이 점점 약해진다. 남자의 모습이 감춰지고, 여자의 흰 옷이 상대적으로 부각된다. 무대를 빙글빙글 도는 여자의 춤 동작은 여전하다. 상대가 없다면 저런 자연스런 춤 동작은 나오기 어렵다. 여자의 춤 동작을 보고 상대의 존재를 유추할 수 있는 것이다. 이때 남자를 블랙홀, 여자를 눈에 보이는 별이라고 하자. 여자의 춤 동작으로 상대의 존재를 추측할 수 있듯이, 공전하는 별의 움직임을 통해 보이지 않는 블랙홀의 존재를 예측할 수 있는 것이다.

참으로 절묘한 비유이다. 그런데 이보다 더 확실한 표현으로 블랙홀 찾는 방법을, 휠러보다 근 200여 년이나 앞서 발표한 학자가 있었다. 라플라스와 함께 '블랙홀은 실재하는 천체' 임을 역설한 사람이 앞에서 말했던 영국의 미첼이다. 그는 1784년에 이렇게 사고했다.

블랙홀에서 빛은 빠져나올 수 없다.

그래서 관측으로는 어떠한 정보도 얻을 수 없다.

하지만 밝은 천체가 블랙홀 주위를 회전하고 있다면 운동의 중심에 어떤 천체가 존재할 가능성은 상당히 높다.

그래서 확률로 추론해볼 수 있을 것이다. 왜냐하면 가운데 숨은 천체는 어떤 식으로든 주위를 도는 별에 영향을 미칠 것이기 때문이다. 달리 말하면, 별의 운동 그 자체에 중심 천체의 단서가 들어있다는 뜻이다.

공전하는 별과 도플러 효과로 확인

별이 공전하고 있는데 다른 천체가 보이지 않으면 그 별 주위에 블랙홀이 존재할 가능성이 있다는 추론은 타당성이 높다. 하지만 그런 조합에 항상 블랙홀이 존재한다고 단정지을 수는 없다. 왜냐하면 별과 별이 공전하는 회전계(Rotating System, 쌍성계Binary Star System라고 한다)는 블랙홀과 보통 별의 쌍도 가능하지만, 중성자별과 보통 별, 백색왜성과 보통 별의 쌍도 가능하기 때문이다. 활동력이 쇠진한 중성자별이나 백색왜성도 빛을 내지 못해서 관찰이 용이하지 않다.

별과 별의 회전계가 블랙홀과 보통 별의 쌍이라고 하면 그 별 쌍에서는 다른 쌍성계가 보여주지 못하는 남다른 특성을 똑똑히 관측할 수 있어야 하는데, 우선 도플러 효과를 생각해보자.

별 A와 B 그리고 지구가 있다.

별 A는 B의 둘레를 돌고 있다.

별 A의 공전 궤도를 1, 2, 3, 4 네 구역으로 나눈다.

별 A가 1에서 2구간으로 움직인다.

이 경로는 별 A가 지구로 다가오는 궤도이다.

그러니 도플러 효과에 의해서 별 A가 방출한 빛의 파장은 수축한다.

스펙트럼으로 관측하면 청색이동을 하는 것이다.

별 A가 2에 위치한 순간은 도플러 효과가 나타나지 않는다.

별 A와 지구의 거리가 변하지 않았기 때문이다.

별 A가 2에서 3구간으로 움직인다.

이 경로는 별 A가 지구와는 멀어지는 궤도이다.

그러니 도플러 효과에 의해 별 A의 빛은 파장이 늘어난다.

스펙트럼은 적색이동을 보여준다.

여기까지는 모든 쌍성계에서 동일하게 나타나는 결과이다. 왜냐하면 별 B가 보통 별이든, 백색왜성이든, 중성자별이든, 블랙홀이든 개의치 않고 오로지 지구와 별 A만의 상대 운동으로 도플러 효과는 언제든지 일어나기 때문이다. 그러나 별 A가 4구간 언저리에 있을 때는 달리 해석할 수 있는데, 사고실험을 계속하자.

별 A가 3을 지나 4구역에 진입한다.

이곳은 지구와 일직선상에 위치한 지역이다.

그래서 정상적이라면 별 A가 방출한 빛을 지구에선 볼 수가 없다.

별 B가 가로막고 있기 때문이다.

그러나 별 A가 4지역에 조금 못 미치거나 약간 넘어선 경우라면 어떤 결과가 나와야 하겠는가?

유연한 착상이다. 그러나 이 추론에 문제가 없는 건 아니다.
블랙홀에는 미치지 못하지만, 중성자별의 중력도 만만치 않다.
그래서 별 B가 블랙홀이 아니라 중성자별이어도, 4지역을 다소
벗어난 곳에서 나온 별 A의 광선을 지구에서 관찰하기란 그리
쉽지 않다. 그렇다면 블랙홀과 중성자별이 광선을 포획할 수 있
는 각도가 중요할 터인데, 현재의 관측 기술로 그 기준을 무 자
르듯 명확히 나눈다는 것 자체가 무리이다. 이러한 이유로 도플
러 효과 자체만으로 블랙홀인지 아닌지를 가늠하기는 아직 어렵
다고 보아야 한다. 사실 이러한 방법으로 블랙홀의 존재를 확인
하려는 시도도 있었지만 별 성과를 거두지 못했다.

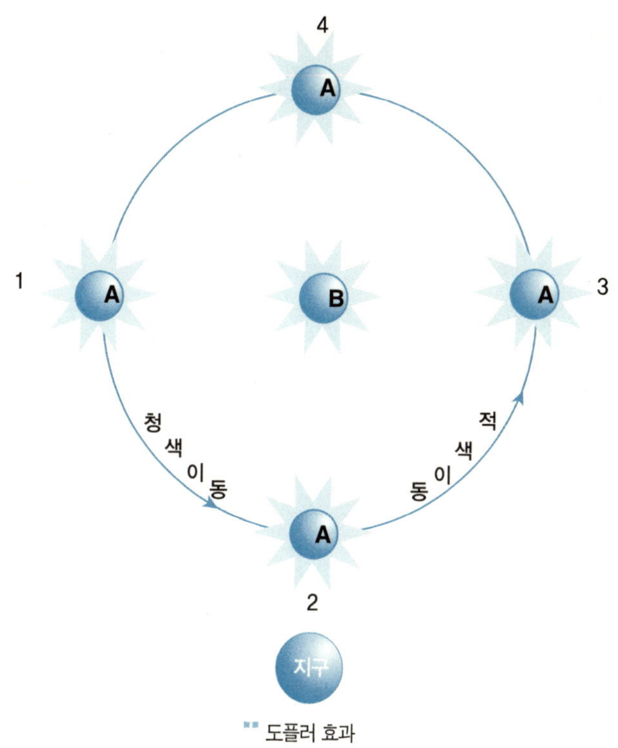

도플러 효과

X선과 질량으로 확인

도플러 효과의 대안으로 떠오른 것이 X선이다. 사고실험을 해
보자.

천체 A와 B가 있다.

천체 A와 B는 쌍성으로, 천체 B가 A 둘레를 공전하고 있다.

보통 별로 구성된 쌍성의 경우, 두 별 사이의 거리는 평균 수십억 킬로미터가량이다. 그러나 그중 하나가 중성자별일 경우는 그들 사이의 간격은 그보다 1000분의 1쯤 줄어든 수백만 킬로미터로 좁혀진다. 사고실험으로.

이웃 천체의 구성물질이 중심 천체의 중력장에 이끌려 들어가면서 직선이 아닌 나선형 궤도를 그리는 건 천체의 회전 때문이다. 이 상황은 커피에 프리마를 넣어 휘젓는 경우와 마찬가지라고 보면 된다. 프리마는 빨랫줄처럼 곧바로 중심을 향해 내려가는 게 아니라, 빙글빙글 원호를 그리며 안으로 빨려 들어간다. 사고실험을 계속하자.

원반형의 이 거대한 띠를 '유입물질 원반(Accretion Disc, 부착 원반이라고도 부름)'이라고 한다. 유입물질 원반은 중심 천체를 향해 물질이 이동해가는 중간 휴게소라고 보면 무난할 것이다. 사고실험을 이어가자.

■■ 유입물질 원반

세기 역시 다르다.

천체 A와 가까운 안쪽의 중력이 강하다.

그러다보니 바깥쪽과 안쪽에서 회전하는 분출물의 속도가 다를 수밖에 없다.

속도가 같으면 유입물질 원반 속 분출물은 서로 부딪칠 이유가 없다.

그러나 속도가 다르면 그 속은 분출물 입자끼리의 마찰 경연장이 된다.

속도가 빠른 입자와 그렇지 못한 입자의 부딪침과 마찰은 필연일 수밖에 없는 것이다.

마찰하면 열이 발생하고 온도가 상승한다.

유입물질 원반에 열이 발생하고 온도가 높아지는 건 이 때문이다.

이러한 가속과 마찰 과정을 거치면서 유입물질 원반 내부의 온도는 수백만 도에서 1천만 도까지 올라가는데, 가스가 이 정도 온도에 이르면 강력한 X선을 방출하게 된다. 지구에서 관측되는 X선 복사의 대부분은 유입물질 원반의 내부 수백 킬로미터 지역에서 나오는 것으로 알려져 있다. 이런 이유로 X선을 내놓는 쌍성계에 블랙홀이 있을 가능성이 높다고 보는 것이다.

그러나 이것만으로는 블랙홀이라고 단언할 수 없다. 왜냐하면 중성자별 정도의 중력으로도 X선 방출은 능히 가능하기 때문이다.

X선을 방출하는 천체가 블랙홀인지 중성자별인지를 아는 또 하나의 방법은 천체의 질량을 계산해보는 것이다. 오펜하이머와 그의 제자들이 밝혔듯이 중성자별의 질량은 태양의 세 배 이상일 수 없다. 그 이상의 질량은 중성자의 축퇴압력마저 간단히 무너뜨리는 무한한 중력붕괴를 일으키기 때문이다. 그러니 X선을 내놓는 천체의 질량(여기서는 천체 A의 질량)이 태양보다 다섯 배 이상 무겁다면 블랙홀이라고 확신해도 무방하다.

우후루 발사1

1970년 인공위성 우후루를 발사함으로써 X선 천체의 본격적인 탐사가 시작되었다. 그러나 X선 천문학은 1962년, 초고층 대기 연구를 목적으로 발사한 소형 로켓 에어로비(Aerobee)로부터 시작되었다. 6월 18일 뉴멕시코 주 화이트샌드 미사일 기지에서 쏘아올린 에어로비는 지구 상공을 6분간 비행하고 우주 곳곳에서 날아온 X선을 관측한 후 지상으로 내려왔다.

에어로비의 X선 관측은 우주의 비밀을 캐는 큰 걸음이었다. 그러나 다른 한편으론 큰 숙제를 남겨놓기도 했다. 로켓을 발사하는 데는 큰돈이 든다. 어디 그뿐이랴. 그걸 설계하고 제작하는 데만도 적지 않은 기간이 소요된다. 그런데 X선을 탐지할 수 있는 시간이 고작 10분 남짓이니, 투자 대비 수익은 그야말로 형편 없다. 한마디로 채산이 전혀 맞지 않는 것이다. 물론 우주 탐사의 가치를 돈으로 따질 순 없지만 그래도 현실은 현실이다. 기왕이면 싼 값에 바라는 결과를 얻을 수 있다면 좋겠지만, 차선으로 비싸더라도 만족스러운 결과를 얻을 수 있다면 불만은 없을 것이다.

"X선을 장시간 관측할 수 있다면 좋으련만……."

이건 당시 X선 천문학에 도전한 모든 학자들의 간절한 바람이었다. 마음 같아선 당장이라도 지상에 전파망원경 같은 측정기기를 수십 기라도 설치하고 싶었으나 그럴 수가 없었다. 전파는 지구 대기권을 쉬 뚫고 내려올 수 있지만, X선은 그렇지 못하다. 그래서 우주 공간을 떠도는 X선을 잡기 위해서는 지구 대기권 위로 올라가야 한다.

"인공위성에 관측 장비를 실어 보낼 수만 있다면……."

그랬다. 인공위성은 하루 이틀이 아니라 일년 이년이라도 지구 상공에 떠 있을 수 있으므로 X선 천문학자의 소망을 풀어주기엔 더없이 안성맞춤이었다. 그러나 시간이 필요했다. 러시아가 세계 최초의 인공위성인 스푸트니크를 쏘아올린 게 1957년 10월이었고, 미국은 그보다 3개월 늦은 1958년 1월에 익스플로

러를 띄워 올리는 데 성공했다. 1960년대 초반은 아직 인공위성의 걸음마 단계였던 것이다.

1962년 에어로비 발사 후 1970년 우후루가 발사되기까지 X선 천체물리학자들은 엄청난 노력을 기울여야 했다. 힘들게 연구비를 타내어 고생 끝에 제작한 로켓이 발사대에서 파괴되는가 하면, 발사에는 성공했으나 X선 탐지기의 작동 불량으로 도로아미타불이 되기도 하였다. 그렇게 8년 세월은 그들에게 실패와 좌절의 연속이었던 것이다.

X선을 전문으로 측정하는 인공위성이 절실했다. 이 간절한 꿈은 이탈리아계 미국 과학자인 자코니(Ricardo Giacconi)에 의해 이루어졌다. 그는 이렇게 술회했다.

제가 1962년 로켓 발사에 관여하기 2년 전 우리 연구팀은 X선 관측으로 탐지할 수 있는 물체에 관한 보고서를 작성하면서 달의 X선을 특히 부각시켰습니다. 태양풍이 달 표면에 부딪히면 X선이 발생하는데 그걸 잡아서 분석하면 태양풍에 관련된 비밀을 밝힐 수 있을 것이라 보았던 거지요. 이 문제는 미 공군의 연구팀이 깊은 관심을 보였던 주제로, 연구비가 절실했던 우리에겐 안성맞춤의 일거리였습니다. 우리는 그들의 관심거리에 초점을 맞추며 연구 계획서를 작성했습니다. 그러나 우리의 목표는 달이 아니라 가까운 별이나 초신성의 잔해에서 흘러나오는 X선이었습니다. 예를 들어 게성운이나 시리우스 같은 데서 나오는 X선이 우리의 진짜 목표였던 거지요. 우리가 이런 노력을 기울이기 전까지 그 누구도 천체가 방출한 X선을 측정한 적이 없었습니다. 이건 천체물리학자로서 해볼 만한 가치가 있다고 생각했습니다.

남이 가지 않는 길을 가거나 그 분야의 선도적인 업적을 내놓은 학자에게는 반드시 그에 상응하는 보답이 따르게 마련이다. 자코니는 X선 천체물리학의 선구적 기여를 인정받아 2002년 노벨 물리학상을 수상한다.

자코니의 말을 더 들어보자.

"우리는 공군의 지원금을 받아 몇 차례 더 로켓을 발사했습니다. 그러나 원하는 결과가 만족스럽게 나오지 않자 그들은 연구비 지원을 중단했습니다. 그 무렵 나는 갓 서른을 넘긴 나이였던데다가 걸출한 논문을 내놓지도 못한 상황이었습니다. 그래서 X선 관측 사업에 대한 의미 있는 계획을 내놓지 못하면 더는 X선 연구를 하기 힘들겠다는 판단을 했습니다. 나는 공들여 작성한 논문을 들고 워싱턴으로 갔습니다."

자코니의 연구 계획서는 장장 10여 년에 걸친 장대한 사업이었다. 로켓을 발사하고, 인공위성을 지구 상공에 띄우고, 끝내는 달 탐사선인 아폴로 우주선에 X선 탐지 장치를 탑재하는 것으로까지 이어지는, 치밀하게 짜인 한 편의 시나리오였다. 이러한 계획이 모두 실현됨으로써 이후 그의 논문은 X선 천체물리학의 연구 방향을 결정하는 기준이 되었고, 지금은 이 분야의 고전이 되었다.

우후루 발사 2

인공위성 우후루 발사 계획은 착착 진행되었다. 위성 발사의 최적지로는 적도 인근이 꼽혔다. 그 이유로는 우선, 지구 자전 속도에서 득을 볼 수 있기 때문이다. 지구 자전 속도는 500m/s 남짓이다. 자전이란 회전이므로 원심력이 큰 곳일수록 속도가 빠르다. 원심력은 중심에서 멀수록 강하다. 지구의 중심에서 가장 멀리 떨어진 곳은 적도다. 왜냐하면 지구는 적도 부근이 약간 부풀어 오른 타원체이기 때문이다. 더구나 적도는 지구 중심에서 가장 멀다보니 중력 또한 가장 작다. 원심력은 최대인 데다 중력은 최소이니 적도 근방은 우주선을 발사하기에 더없이 좋은 장소인 것이다.

다음은 잡음을 피할 수 있기 때문이다. 탐지기에 잡히는 외부 잡음은 전파나 X선을 연구하는 데 여간 골칫거리가 아니다. 일례로 별에서 날아오는 가시광선을 탐지하는 데는 태양광선이 주요 잡음이다. 그래서 실험 데이터의 혼란을 피하기 위해 밤에 관측한다. 그리고 자동차나 방송국에서 나오는 전파는 별에서 오는 전파와 뒤섞여 수신할 때 혼돈에 빠질 수 있다. 그래서 이 경우에는 전파망원경을 수원지에 설치하기도 한다. 항성의 X선을 관측하는 데는 지구를 에워싸고 있는 밴 앨런 대(Van Allen Belt)가 주요 잡음원이 되는데, 이때 적도 상공을 따라서 인공위성을 운항시키면 피해를 최소화할 수가 있다.

　이런 이점을 십분 고려해 최종 선택한 인공위성 발사대는 아프리카 케냐의 산 마르코 발사대였다. 우후루라는 이름은 아직 붙여지지 않았다. 인공위성이 성공적으로 발사되기 전까지는 이름을 붙이지 않는 것이 당시의 관례였다. 인공위성을 쏘아올릴 로켓이 도중에 폭발한다거나 인공위성이 상공에는 진입했으나 작동 불능 상태가 될 수 있기 때문이었다. 그래서 인공위성이 임무를 궤도상에서 완벽히 수행하고 있다는 확신을 하기 전까지 우후루를 소형 천문학 위성(Small Astronomy Satellite) 1호라는 암호명, 일명 SAS-1호로 부르기로 잠정 합의했다. 그러나 발사 시기가 가까워오자 발사 일을 케냐의 독립기념일로 정함으로써 우후루라는 이름을 사전에 정하게 되었다. 우후루(UHURU)는 아프리카 콩고의 공용어인 스와힐리어로 '자유'란 뜻이다.

　1970년 12월 12일 마침내 우후루가 발사되었다. 우후루는 X선 천체물리학자들의 온갖 기대를 한몸에 받고 출발했고 기대를 저버리지 않았다. 우후루는 지구 궤도를 돌면서 1년 동안 X선을 관측하도록 설계되었으나 무려 3년간 임무를 충실히 수행했다. SAS-1 이전까지의 로켓을 이용해서 얻은 X선 관련 자료는 우후루가 일 주일간 보내온 자료에도 미치지 못하는 양이었다. 한마디로 우후루는 X선 천문학에 가히 혁명적인 기여를 한 셈이다.

우후루를 통해 우주의 수많은 천체를 새롭게 발견하게 되었고, 우리 은하뿐 아니라 외부 은하의 X선도 잡아냈다. 시시각각 쏟아져 내려오는 이들 데이터들은 X선 천체물리학자들의 기대를 나날이 증폭시켰는데, 과학사상 하나의 실험장비가 이토록 광대한 변화를 일시에 몰고 온 적은 없었다. 블랙홀의 제1순위 후보인 백조자리 X-1의 분석도 우후루의 공로가 없었다면 불가능한 일이었다.

백조자리 X-1

은하의 중심부에서 방출되는 막대한 양의 고에너지를 설명하는 가장 적절한 방법은 그곳에 거대한 블랙홀이 존재한다고 보는 것이다. 퀘이사가 그 좋은 예일 거라고 우리는 앞에서 논의한 바 있다. 그러나 이에 대한 증거는 간접적인 것이어서 완벽한 확신을 주지 못한다. 이보다 블랙홀에 대한 믿음을 더 확실히 해준 천체가 있으니 백조자리 X-1이 그것이다.

백조자리 X-1은 우후루 이전에 발견되었다. 로켓을 쏘아 X선 천체를 찾던 1965년, 백조자리에서 상당히 강력한 X선을 방출하는 천체가 있다는 사실이 알려졌다. 하지만 로켓 연구 시대에는 측정 시간이 짧을 수밖에 없어서 광범한 자료를 얻기 어려웠다. 백조자리 X-1의 경우도 마찬가지였다. 주목할 만한 X선 천체로 여겨져 관심을 모았지만, 관측 결과가 충분치 않아서 우후루 발사 이전까지 그에 대한 연구는 거의 진전이 없는 거나 마찬가지였다. 어떤 학자는 복사 강도가 생각보다 그리 크지 않은 것 같다고 발표하는가 하면, 또다른 학자는 복사 강도가 예측값보다 월등히 높게 나온다는 등 서로 엇갈리는 반응을 내놓기도 하였다. 이처럼 관측자와 관측기기에 따라서 극과 극의 연구 결과가 나옴으로써 정확한 판단을 내릴 수 없었다. 백조자리 X-1에서 실제로 어떤 일이 일어나는지, 진정한 실체가 무엇인지는 우후루의 시대가 열리고 나서야 비로소 판명되었다.

우후루는 백조자리 X-1의 문제를 빠르게 해결해나갔다. 백조자리 X-1은 급속히 강도를 달리하는 복사선을 내놓고 있었다. 깜박거림이 끊임없이 이어졌는데 그것만 놓고 보면 펄사처럼 보이기도 했다. 펄사라면 중성자별이란 소리니까 강력한 블랙홀 후보라는 예측은 아쉽게 빗나간다. 철저히 분석하기 위해 백조자리 X-1에 대한 고강도의 세밀한 탐구가 의욕적으로 이루어졌다. X선 천체물리학자들의 관심은 일단 X선의 주기에 모아졌는

데 그 근거를 살피기 위해서 잠시 사고실험을 하자.

수개월에 걸친 꼼꼼한 분석이 이어졌다. 그러나 어떤 데이터 분석에서도 백조자리 X-1의 복사 과정은 불규칙성을 띠었다. 중성자별에서 보이는 X선 서치라이트 효과(Search Light Effect)가 나타나지 않은 것이다.

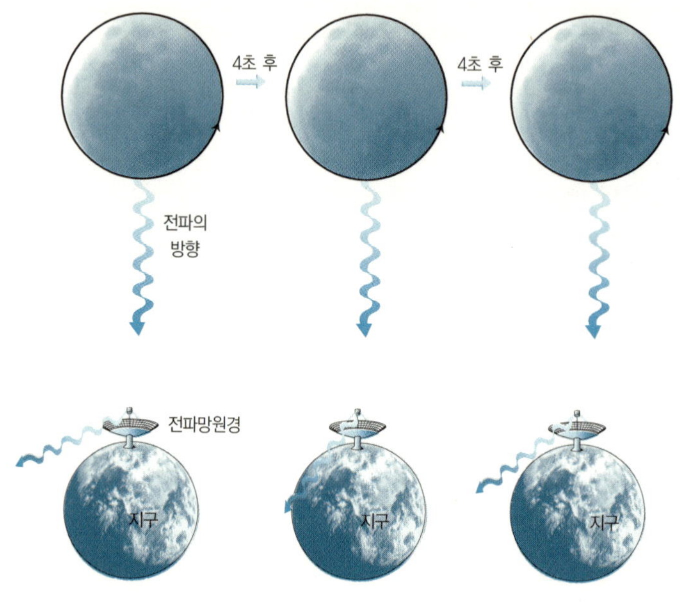

■■ 중성자별에서 볼 수 있는 서치라이트 효과

HDE226868과 질량

관측한 X선이 불규칙하다는 건 미지의 천체가 중성자별이 아니라는 강력한 증거이다. 하지만 중성자별이 아니라고 해서 블랙홀이라고 단정할 수는 없다. 중성자별이 아니고 블랙홀이 아니어도 X선을 내놓는 천체는 우주 곳곳에서 찾아볼 수 있다. X선의 불규칙 방사는 블랙홀 검증 과정 중 하나일 뿐이다. 1차 관문을 통과했으니 이제는 2차 관문을 넘어야 한다.

2차 관문은 질량의 적정성 여부이다. 오펜하이머의 계산에 따르면, 천체의 질량이 태양의 세 배 이상이면 블랙홀이 되어야 한다. X선 방사를 유도하는 천체의 질량은 쌍성을 이루는 이웃별에서 얻은 자료로 추정할 수 있다.

블랙홀로 추정되는 백조자리 X-1의 천체와 쌍성을 취하는 별은 HDE226868로 명명되었다. HDE226868의 질량은 태양의 20~30배가량으로 추정되었고, 공전 주기는 5.6일이며, 보이지 않는 천체의 둘레를 회전하고 있었다. 이들 관측 데이터를 이용해서 보이지 않는 별의 질량을 계산해보았다. HDE226868의 동반성(同伴星)은 태양의 다섯 배에서 여덟 배가량 되는 것으로 나타났다. 미지의 천체가 블랙홀일 가능성이 한층 높아진 셈이다.

그러나 이것으로도 보이지 않는 천체가 반드시 블랙홀이라고 단언할 수는 없는데, 이즈음에 재미있는 사건 하나가 있었다. 호킹은 다음과 같이 말했다.

"블랙홀은 내 연구의 전부라고 할 수 있는데, 만약 블랙홀이 존재하지 않는다면 그 허망함은 이루 다 표현하기 어려울 겁니다. 그래서 블랙홀이 이론적 산물일 경우 그 허탈함을 최소화하기 위해서라도 나는 보험을 들어둘 필요가 있었습니다."

피해를 최소화하려는 이러한 연계 거래는 다방면에서 이루어진다. 주식시장은 주식 폭락의 위험을 줄이기 위해서 선물과 옵션 거래를 한다. 호킹의 내기 상대는 칼텍의 손(앞에서 언급한

『중력』의 공동 저자)이었다. 둘 사이의 연계 거래 품목은 잡지였는데 주요 내용은 이렇다.

이 내기를 걸었던 해가 1975년이었다. 당시 두 사람은 백조자리 X-1이 블랙홀일 가능성을 80퍼센트 남짓으로 예견했고 지금은 95퍼센트 이상 자신하고 있다. 블랙홀을 바라보는 이들의 자신감 수치가 그 사이에 올라갈 수 있었던 데에는 더욱 정밀해진 기기의 도움이 컸는데, 그렇게 얻어낸 결정적 자료 가운데 하나가 감마선이었다.

감마선 포착

백조자리 X-1 속 보이지 않는 천체의 질량이 태양의 5~8배임이 밝혀져 블랙홀일 가능성이 한층 높아지긴 했으나, 이 사실 또한 완벽한 근거는 되지 못한다. 왜냐하면 그 질량 추정이란 게 동반성의 질량과 공전 주기를 이용해서 얻은 결과이기 때문이다. 그러니까 만에 하나 더 정밀한 관측기기를 사용해서 측정한 동반성의 질량과 공전 주기가 다른 값으로 나와 이전 값이 수정되어야 한다면, 보이지 않는 천체의 질량은 태양 질량의 5~8배보다 작은 값이 나올 수도 있다는 말이다. 그렇게 되면 블랙홀보다는 중성자별 쪽에 더 무게를 두어야 하는 애석한 상황이 빚어질 수도 있는 일이다. 그래서 블랙홀의 진위를 밝히기 위한 또다른 증거가 절실했는데 이 일은 우후루 이후에 띄운 인공위성이 해냈다.

1977~79년 사이에 세 대의 거대한 관측 인공위성이 쏘아올려졌다. 이들을 고에너지 천체물리학 관측대(High Energy Astrophysical Observatories, HEAOs)라고 부르는데, 특히 두 번째 것은 아인슈타인 탄생 100주년인 1978년에 발사했다고 해서 '아인슈타인 관측대'라고 한다. 백조자리 X-1의 보이지 않는 천체에 대한 새로운 증거를 찾아낸 것은 고에너지 천체물리학 관측대 3호였다.

중성자별이건 블랙홀이건 물질을 포획하여 나선형으로 끌어당기는 건 마찬가지이다. 그러나 중력의 세기가 달라서, 잡아당김으로써 빚어지는 마찰 효과는 엄청난 차이가 난다. 그래서 중성자별 주변에서 방출할 수 있는 가장 큰 빛 에너지는 X선인데 블랙홀은 그 이상도 가능하다. X선보다 에너지 세기가 큰 빛은 감마선으로, 블랙홀 주변에선 이 복사선이 방출될 수 있다. 그런데 고에너지 천체물리학 관측대 3호가 이걸 또렷이 잡아낸 것이다. 이에 대해 1988년 초 미국 캘리포니아 패서디나의 천체물리학자들은 다음과 같이 발표했다.

"백조자리 X-1에서 감마선이 나오는 곳은 480여 킬로미터 내외의 지역으로 생각됩니다. 이 근방에는 온도가 무려 수십억 도인 기체가 있을 것으로 보입니다. 이 정도의 고온에선 전자와 양전자의 쌍이 생성되고 소멸하는 과정이 빈번히 일어나는데 이때 감마선이 관여하게 됩니다."

이렇게 셋째 관문을 통과함으로써 백조자리 X-1은 블랙홀로 거의 인정받게 되었다.

9

블랙홀 속으로

광선의 궤도

블랙홀을 찾았으니 이젠 그 속에 빠져보아야겠다. 사고실험을 하자.

우주선이 블랙홀을 향하고 있다.

아직 블랙홀과는 거리가 상당하다.

블랙홀의 중력이 거의 미치지 않는 공간에 우주선이 있는 것이다.

우주선 우측에서 레이저 광선이 발사된다.

레이저 광선은 우주 공간을 그대로 직진한다. (광선의 궤도 1)

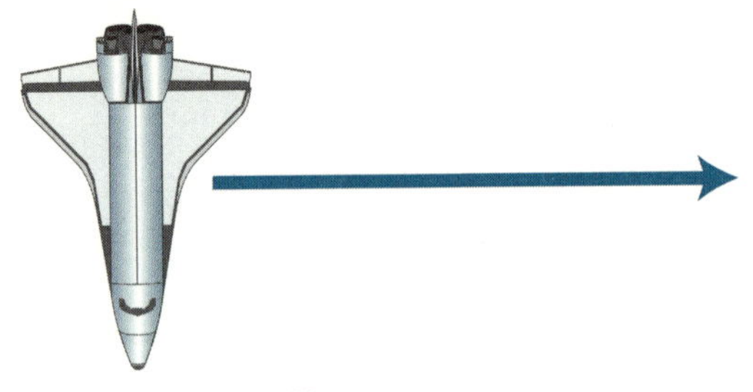

광선의 궤도 1

중력의 영향을 받지 않으니, 레이저 광선이 일직선으로 뻗어 나가는 건 자연스러운 결과다. 사고실험을 이어가자.

우주선과 블랙홀 사이가 점차 가까워진다.

우주선에서 레이저 광선을 발사한다.

레이저 광선이 블랙홀 쪽으로 다소 굴절한다.(광선의 궤도 2)

블랙홀의 중력에 영향을 받기 시작했다는 뜻이다.

우주선은 블랙홀을 향해 계속 다가간다.

블랙홀의 중력이 점점 강해진다.

우주선에서 발사한 레이저 광선은 이제 상당히 휘어진다.(광선의 궤도 3)

우주선이 어느 지점에 이르자 발사한 레이저 광선이 우주선 좌측에 닿는다.

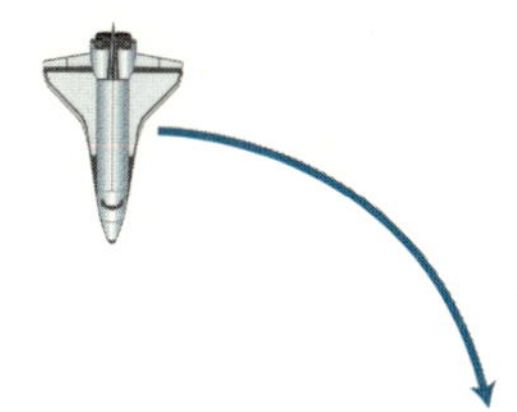

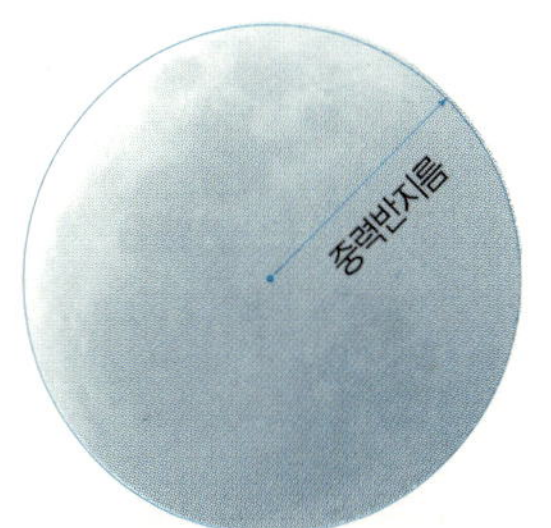

광선의 궤도 2

광선의 궤도 3

우주선에서 쏜 레이저 광선이 원을 그리는 지점, 이곳은 불빛
의 추락과 탈출을 가름하는 중요한 분기점인데 이곳을 '원 평형
점'이라고 부르자. 사고실험을 계속하자.

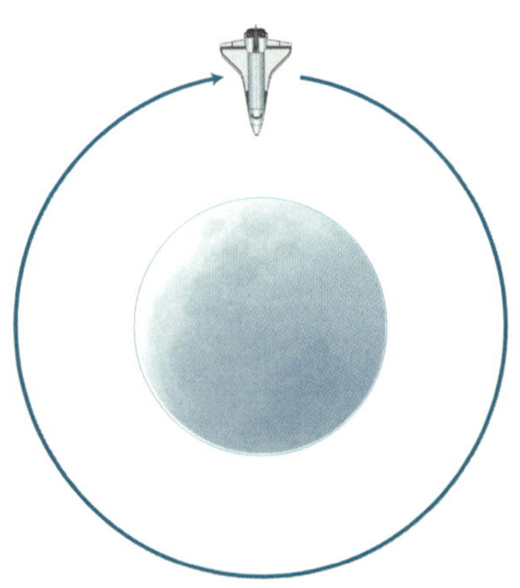

■■ 광선의 궤도 4

레이저 광선은 원을 그렸을 때보다 접선 기울기가 상향된 각도로 발사된 것이다.

레이저 광선이 휘어지며 블랙홀 둘레를 돈다.

그러나 레이저 광선이 그리는 궤도와 블랙홀의 간격은 일정하지 않다.

이 간격은 점점 넓어진다.

레이저 광선의 궤도는 원이 아닌 나선형이다.

레이저 광선은 제자리로 돌아오지 못하고 저 멀리 우주 공간

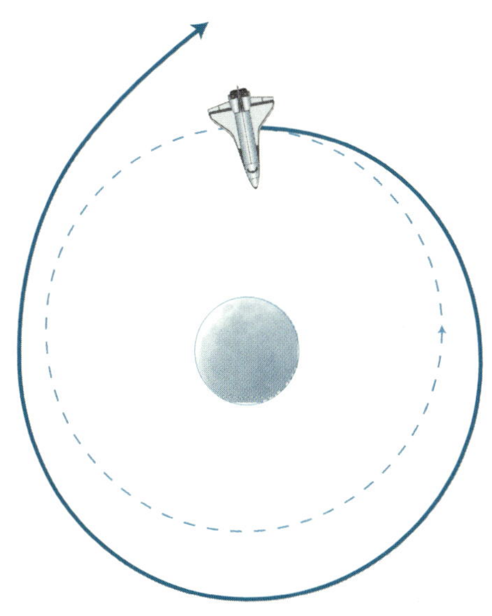

■■ 광선의 궤도 5

뱅뱅 원을 그리며 블랙홀에 붙잡히느냐 마느냐의 기로에 섰던 레이저 광선이 탈출에 성공한 것이다. 다시 사고실험으로.

이번에는 우주선 우측이 약간 아래쪽을 향하도록 동체가 기울어진다.

우주선 우측에서 레이저 광선이 방출된다.

레이저 광선이 원을 그렸을 때보다 기운 각도로 나온다.

레이저 광선이 휘어지며 블랙홀 주위를 돌아간다.

레이저 광선이 만드는 궤도와 블랙홀의 거리가 변한다.

간격이 점점 좁혀진다.

레이저 광선은 원이 아닌 나선형 궤도를 그린다.

그러나 레이저 광선이 향하는 방향은 바깥쪽이 아닌 안쪽이다.

레이저 광선이 블랙홀 내부로 빨려들고 있다.(광선의 궤도 6)

레이저 광선은 블랙홀의 수렁 속으로 흡인되고 만 것이다. 이렇듯 물체의 위치와 진행 각도가 어떠한가에 따라 검은 심연의 나락으로 떨어지느냐 아니냐가 판가름나는 것이다. 그러나 아직은 우주선이 중력반지름에 도달하지 않았다. 사고실험으로.

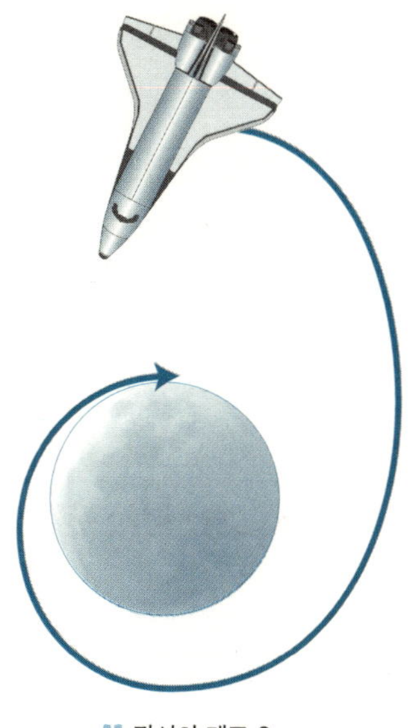

우주선이 블랙홀의 표면을 넘어선다.

곧바로 우주선 우측에서 레이저 광선이 나온다.

그러나 레이저 광선은 블랙홀 밖으로 빠져나오지 못한다.

동체를 상하좌우로 움직여가며 레이저를 쏘아본다.

레이저 광선이 블랙홀 중심으로 떨어지긴 마찬가지다.(광선의 궤도 7)

중력반지름을 넘어 블랙홀 속으로 일단 들어가면, 그 내부의 무지막지한 중력을 이길 장사는 없다. 그래서 발사 각도를 달리하고 발사량을 달리하는 등 온갖 묘안을 다 짜내도 레이저 광선을 블랙홀 표면 밖으로 내보낼 방법은 없는 것이다.

광선의 밝기 변화

블랙홀에 가까워지면 밝기는 어떻게 변할까? 사고실험을 하자.

우주선이 블랙홀을 향해 출발한다.

우주선 중앙 상단에 전구가 매달려 있다.

중앙 전구에 불이 '번쩍' 들어온다.

전구의 불빛은 변함이 없다.

아직은 블랙홀의 영향권 밖에 있다는 의미이다.

우주선이 블랙홀에 다가서고 있다.

중력이 서서히 느껴진다.

전구가 방출한 불빛 일부가 블랙홀의 중력에 이끌린다.

전구의 밝기가 다소 약해진다.

우주선과 블랙홀 사이의 거리가 더욱 가까워진다.

중력이 굉장한 세기로 압박해 들어온다.

블랙홀은 전구의 불빛 상당수를 잡아먹는다.

전구는 상당히 어두워진다.

우주선이 블랙홀 표면에 이른다.

전구는 빛을 거의 방출하지 못한다.

우주선이 중력반지름을 넘어선다.

전구의 불빛은 물론이고 전구 자체가 아예 우리의 시야에서
완전히 사라진다.

전구에 문제는 없다. 우주선이 출발하고 블랙홀 표면에 다가
설 때, 전구는 여전히 같은 세기로 불빛을 방출한다. 그런데 전
구의 밝기는 변한다. 이유는 전구가 방출한 빛을 중력이 갈수록
많이 포획하여 우리에게 다가오는 불빛이 줄기 때문이다.

전파의 변화

블랙홀에 접근하면서 우주선이 내보낸 전파는 어떻게 변할까?
사고실험을 하자.

우주선이 출발 준비를 한다.

우주선은 중간중간 전파를 보내서 위치와 주변 상황을 알릴
예정이다.

진동수란 일정 시간 동안의 파동 횟수이다. 진동수를 흔히 주파수라고도 한다. 예를 들어 주파수가 9백만 헤르츠라고 하면 1초 동안에 9백만 번을 진동한다는 의미이다. 진동수가 줄어들었다는 건 파동의 길이가 그만큼 늘어났다는 뜻이다. 다시 말해서, 전파의 파장이 길어졌다는 의미이다. 파동의 진동수와 파장은 반비례하는 것이다. 사고실험을 이어가자.

우주선이 블랙홀 표면에 다다른다.

우주선은 여전히 전파를 보낸다.

그러나 우주선이 보낸 전파를 지구에선 거의 잡을 수 없다.

블랙홀의 거대한 중력 감옥에 전파가 갇히다시피 했기 때문이다.

그러나 우주선이 블랙홀을 넘어서버리면 이마저도 끝이다.

전파는 우주선과 함께 다시는 되돌아올 수 없는 중력의 깊은 심연 속으로 깨끗이 사라져버리고 마는 것이다.

전구와 마찬가지로 우주선의 전파 송신 장치에는 하등 문제가 없다. 출항할 때나 블랙홀의 중력반지름에 접근했을 때나 우주선은 변함없는 주기로 전파를 쏜다. 그러나 전파의 진동수와 파장은 갈수록 변화가 심해진다. 블랙홀의 중력 앞에 무기력해지는 건 비단 전파뿐만이 아니다. 적외선과 가시광선도 마찬가지이고, 자외선과 X선, 감마선도 다르지 않다.

광선의 색 변화

블랙홀에 다가가면서 불빛의 색깔은 어떻게 변할까? 사고실험을 하자.

중앙 상단에 전구를 매달고 우주선이 블랙홀을 향한다.

중앙 전구에 불이 들어온다.

전구의 불빛은 노랑이다.

그러나 블랙홀에 접근하면서 불빛의 색깔이 달라진다.

우주선이 블랙홀의 중력을 느끼기 시작한다.

전구의 불빛은 파동의 형태로 우리에게 다가온다.

전구의 불빛은 진동수가 늘고 파장도 길어진다.

노랑보다 진동수가 높은 색은 주황이다.

그래서 출발 당시는 노랑으로 보였던 전구의 불빛이 일단은 주황으로 관측된다.

아인슈타인이 주장한 상대적 개념에 색깔도 예외일 수 없다는 사실, 그러나 전구 불빛의 색깔 변화는 여기서 멈추지 않는다. 사고실험을 계속하자.

우주선이 블랙홀에 다가갈수록 전구의 불빛이 받는 중력은 더욱 세진다.

그만큼 전구 불빛의 진동수와 파장이 현저히 변화하는 것이다.

블랙홀에 가까워질수록 전구 불빛의 파장은 더욱 길어진다.

전구는 이제 주황을 내버리고 빨강을 내보낸다.

우주선이 블랙홀을 향해 더 깊숙이 진입한다.

222

인간의 시각 중추가 감지할 수 있는 광선의 범위는 빨주노초파남보의 가시광선 영역이다. 빨강 바깥의 적외선, 파랑 바깥의 자외선은 우리 눈으로는 감지할 수 없는 투명한 파장일 뿐이다. 전구의 불빛은 블랙홀의 중력을 더 받으면 적외선과 전파로 변하며 끝내는 블랙홀의 중심으로 빨려 들어간다.

음성의 변화

블랙홀에 접근하면서 음성은 어떻게 변할까? 사고실험을 계속해보자.

"어떤 경험을 하게 될지 가슴이 설렌다."

함장의 목소리는 지구에서 듣던 때와 다르지 않다.

그러나 블랙홀의 중력권으로 일단 들어서자 사정이 완전히 달라진다.

함장이 노래 부르듯 뇌까린다.

"나는 블랙홀로 뛰어든 최초의 지구인……'

그런데 함장의 목소리가 다소 늘어지는 듯하다.

그러한 현상은 우주선이 블랙홀에 가까이 다가갈수록 뚜렷해진다.

테이프가 늘어지듯 함장의 음성이 더욱 느려진다.

지구에서라면 "나는"이라고 곧바로 들릴 음성이 "나~~는~~"이라고 늘어지는가 싶더니 이제는 "나……는……"이라고 겨우 이어진다.

하지만 함장의 음성을 이렇게라도 들을 수 있는 건 그가 블랙홀의 반지름을 넘어서기 직전까지이다. 중력반지름을 넘어서는 순간 이후부터 함장의 목소리는 결코 우리에게 다가오지 못한다.

차등중력 효과

사고실험을 하자.

중력은 거리에 반비례하는 힘이다.

중력 중심에서 멀리 떨어져 있을수록 중력을 약하게 느끼는

건 이 때문이다.

그렇다면 지표면에 서 있는 인간의 발과 머리에 작용하는 중

력은 당연히 차이가 나야 한다.

그러나 우리는 그 차이를 거의 감지하지 못한다.

이유가 뭘까?

그건 지구 중력이 그다지 강하지 않기 때문이다. 사고실험을
계속하자.

지구의 중력이 약하기 때문이라면, 중력이 월등히 강한 곳에

선 분명 그 차이가 확연히 드러날 터이다.

그렇다. 중성자별이나 블랙홀 같은 곳이라면, 발바닥과 정수
리 부근에서 느끼는 중력 효과는 거의 극단적이다. 사고실험을
이어가자.

그가 블랙홀로 뛰어든다.

다리가 블랙홀 중심에 더 가까운 자세이다.

그의 발과 머리에 느껴지는 중력이 다르다.

그의 발과 머리 사이는 기껏해야 3미터를 넘지 않는다.

하지만 발과 머리에 작용하는 중력 차이는 가히 가공할 만하다.

발이 블랙홀 중심에 더 가까우므로 더 강한 중력을 받는다.

위치에 따라서 달리 받는 중력을 '차등중력(Differential Gravitation)' 이라고 한다. 다시 사고실험으로.

그는 차등중력을 받고 있다.

그의 몸 곳곳이 늘어난다.

다리 근육과 뼈는 길게 늘어나고, 머리 근육과 뼈는 그보다는 덜 늘어난다.

차등중력 효과는 그가 블랙홀 중심에 가까이 다가갈수록 더욱 강해진다.

늘어나다 늘어나다 못해 결국 그의 몸이 차등중력 앞에 무릎을 꿇는다.

그의 몸은 바위에 산산이 부서진 파도처럼 분해된다.

차등중력에 의해 생기는 이러한 힘을 '조석력(潮汐力, Tidal

Force)' 이라고 한다. 조석력이란 지구와 달의 차등중력 효과로 조수 간만 현상이 발생한다는 데 기인한 이름이다.

외부 관찰자가 우주선을 보면

블랙홀 속으로 떨어지는 우주선을 이제 우리는 종합적으로 그려볼 수 있게 되었다. 그 그림은 대충 다음과 같을 것이다.

우주선이 직선 궤도로 출항한다.

우주선 내부는 전등의 불빛으로 환하다.

어느덧 우주선이 사건의 지평선에 다가간다.

우주선 궤도가 나선형으로 바뀐다.

우주선 내부가 점차 어두워진다.

밝은 노란빛은 침침한 붉은색으로 변한다.

우주선의 함장이 바삐 전파를 송출한다.

그의 손놀림이 슬로모션 같다.

전파가 지구에 당도하지 못한다.

그가 두려움을 느껴 소리친다.

그러나 그의 음성은 느리게 느리게 흘러나온다.

차등중력이 우주선과 그의 몸뚱이에 작용한다.

우주선은 나선 궤도를 그리며 더욱 급격히 떨어진다.

빛 알갱이를 찾기 어려울 정도로 우주선 내부가 깜깜해진다.

적색이동의 단계는 이미 지났다.

우주선에서 가시광선을 찾을 수 없다.

우주선과 함장은 기조력을 받아 갈기갈기 찢어지다 못해 이
내 완전히 분쇄된다.

블랙홀은 모든 걸 그렇게 앗아간다.

우주선 속에서 밖을 보면

이번에는 반대로, 함장이 우주선에서 바라보는 바깥 풍경이
어떠할지 상상해보자.

사건의 지평선에 다가갈수록 빨려 들어가는 속도가 무섭게
증가한다.

함장이 정면을 응시한다.

외부 관찰자가 그를 보고 느끼는 현상이 눈앞에 선연히 나타
난다.

우주선 밖 관찰자에게 함장의 동작은 매우 느려 터진 것처럼

보인다. 그가 중력반지름에 접근할수록 더욱 느려진다. 중력반지름 바로 앞에서는 시간이 거의 멈춘 듯이 흐른다. 그래서 외부 관찰자에게 우주선과 함장은 결코 중력반지름을 넘어가지 못하는 걸로 비춰진다. 이 때문에 블랙홀을 상상하던 초창기에는 '얼어붙은 별(Frozen Star)'이라 부르기도 했다. 흡사 얼어붙은 듯이 사건의 지평선을 넘어서지 못하는 천체란 의미에서였다. 상상을 이어가자.

그의 앞에서 벌어지는 사건은 그에게 느리게 다가온다.

외부 관찰자가 그를 바라보고 인식하는 것처럼.

이건 블랙홀이 빛 에너지를 붙들고 놓아주지 않기 때문이다.

그가 고개를 뒤로 돌려 후면을 바라본다.

앞쪽과는 정반대 현상이 그를 어리둥절케 한다.

모든 게 급속히 진행된다.

하루가 걸릴 사건이 채 1초도 걸리지 않는다.

사건의 지평선에 근접할수록 그러한 현상이 가속화된다.

1시간이 지나가는 데 채 1초가 안 걸리는가 싶더니, 한 세기가 그의 눈앞에서 쏜살같이 달아난다.

인류가 멸종해가는 모습이,

태양이 연료를 다 소모하고 죽어가는 장면이 보인다.

온 우주의 미래가 삽시간에 그의 눈앞을 스치고 지나간다.

찬드라세카르의 우화

블랙홀은 끝없는 중력의 심연이다. 그래서 그 속으로의 여행은 다시는 돌아올 수 없는 저승길이라고 해도 무방하다. 중력반지름을 경계로 극과 극의 결과를 보여주는 블랙홀 속으로의 여행, 이에 대해 찬드라세카르는 이렇게 말한다.

"사건의 지평선 너머로는 통신이 오갈 수 없습니다. 그래서 내가 이 상황을 그릴 적에는 늘 인도에서 배운 우화를 떠올리곤 합니다. 그 우화는 연못 바닥에 사는 잠자리 유충의 이야기로 제목은 「잃어버린 것이 아니라, 먼저 간 것이다」입니다."

찬드라세카르의 시적 은유를 들어보자.

연못 바닥에 잠자리 유충이 가득하다.

유충은 늘 궁금해한다.

'연못 밖은 어떤 세상일까?'

이건 이곳 모든 유충이 공통적으로, 또 최우선으로 품는 의문이다.

시간이 흘러 유충이 번데기가 된다.

번데기는 수면으로 올라가 연못 밖으로 나갈 수 있다.

'이제 세상 구경을 할 수 있게 되었구나!'

번데기는 뿌듯해한다.

그러나 아직 번데기가 되지 못한 유충이 간절히 요청한다.

"번데기 아저씨, 우리 유충의 궁금증을 꼭 풀어주세요."

"그야 물론이지."

번데기는 자신 있게 대답한다.

그때 개구리가 그들의 대화에 끼어든다.

"너희들은 연못을 빠져나가는 순간, 늘씬한 몸매와 무지갯빛 날개를 가진 아름다운 모습으로 화려하게 변모한단다."

유충과 번데기는 개구리의 말이 믿어지지 않는 표정이다.

'잠자리로 변신한다니, 말도 안 돼.'

하지만 개구리의 말은 유충의 궁금증에 불을 댕긴다.

자신의 모습이 그렇게 변한다는 게 언뜻 믿어지지 않지만, 나쁜 변신은 결코 아닌 듯싶어 유충은 번데기의 탈출을 재촉한다.

번데기가 연못의 수면 위로 떠오른다.

그 동안 연못 바닥에 남은 유충은 번데기가 하루빨리 소식을 갖고 돌아와주길 기원하며 이야기를 나눈다.

"개구리 아저씨의 말이 사실일까?"

"그랬으면 나도 좋겠어."

하지만 하루가 가고 이틀이 지나고 한 달이 흘러도 유충의 바람은 이루어지지 않는다.

번데기는 그렇게 호언장담했건만 코빼기도 보이지 않는다.

번데기는 잠자리로 화려하게 변신했지만, 그 결과 물 속으로 들어올 수 없게 된 것이다.

"번데기 아저씨, 나빠요."

유충들은 돌아오지 않는 번데기를 그렇게 야속해하다 자신도 결국 번데기가 된다.

그리고 그들도 유충들에게 같은 질문을 받고 그와 똑같은 대답을 하지만, 돌아오지 못하는 건 마찬가지다.

그래서 그곳 잠자리 유충의 역사책에는 연못 속의 사건들만 기록되어 있을 뿐이다.

수면 너머의 세계에 대한 기록은 그들로선 이해할 수 없는 불가사의였다.

그러면서 우화는 다음과 같은 탄식으로 글을 맺는다.

그대들이여
여기 남아 있는 우리 유충들을 불쌍히 여겨
그대들이 그 비밀을 알려주지 않겠는가?

10

블랙홀 표현하기

블랙홀 표현하기 1

블랙홀을 찾아 나서보았고, 그 안으로 여행도 떠나보았으니, 이젠 그걸 구체적으로 표현해보도록 하자.

물체가 블랙홀 안으로 빨려들어가는 현상은 중력의 무한한 인력 때문이다. 그러나 이렇게만 설명하면 블랙홀을 제대로 표현할 수 없다. 중력이 무한히 강해서 잡아끄는데 거기에 무슨 기하학적인 모양이 필요하겠는가? 그래서 우리는 블랙홀의 가공할 중력 현상을 이젠 다른 관점에서 접근해보아야 한다.

아인슈타인은 일반상대성이론에서 이렇게 언급했다.

"중력은 시간과 공간을 뒤틀어놓는다."

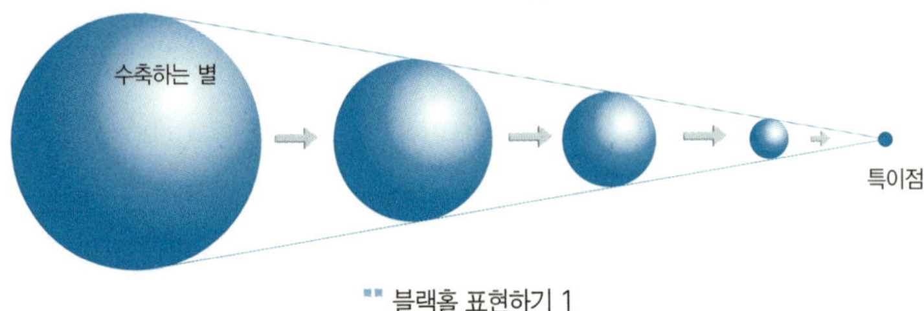

■■ 블랙홀 표현하기 1

이 표현을 빌려 블랙홀 주위의 상황을 설명하면 이렇다.

"사건의 지평선 근처의 시공간은 너무도 심하게 뒤틀려 있어서 한번 진입한 물체가 다시 밖으로 나갈 수 있는 경로는 존재하지 않는다. 비틀린 시공간 구조 속에서 물체가 선택할 수 있는 유일무이한 길은 블랙홀 내부의 특이점으로 향하는 것뿐이다."

그렇다. 블랙홀 주변은 엄청난 중력 효과로 시공 구조가 무지막지하게 뒤틀려 있다. 뒤틀려 있다는 건 분명 기하학적으로 변형이 일어났다는 뜻이며, 또한 기하학적으로 능히 표현할 수 있다는 이야기이다.

지도를 그리는 데는 정적도법, 정각도법, 원뿔도법, 원통도법 등이 있듯이 블랙홀을 표현하는 방법도 여러 가지다. 그중 대표적인 두 가지를 소개하고자 한다.

별을 원으로 표시하자. 그러면 별이 수축해서 블랙홀이 되니 원은 갈수록 작아진다. 그러고는 특이점이라는 한 점으로 모인다. 이들의 흐름을 모아서 연결하면 원뿔이 된다. (블랙홀 표현하기 1)

블랙홀 표현하기 2

　원뿔의 꼭짓점은 블랙홀의 특이점이니, 그로부터 어느 정도 떨어진 곳에 사건의 지평선이 생길 것이다. 사건의 지평선을 밑면으로 하는 원기둥을 세우면 그 내부는 어떤 물체도 빠져나오지 못하는 블랙홀의 수렁이 된다.(블랙홀 표현하기 2)

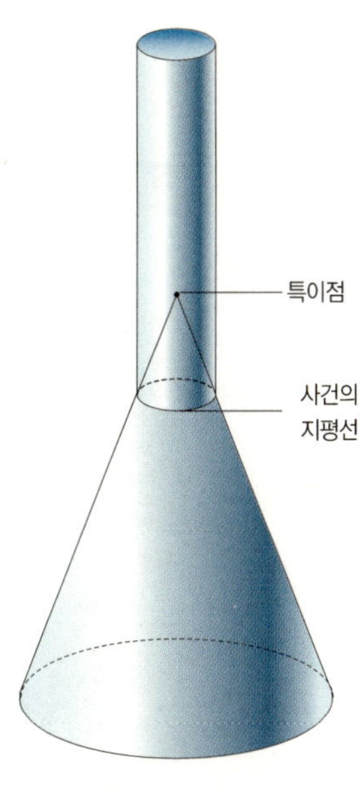

■■ 블랙홀 표현하기 2

　(가)는 사건의 지평선에서 멀리 떨어져 있다. 그래서 그 위치에 있는 별에서 나온 광선은 거의 직선에 가까운 궤도를 그린다. (나)는 (가)보다 중력반지름에 가까워서 별빛의 궤도는 상당히 휘어진다. (다)는 블랙홀 반지름에 거의 다가간 위치여서 광선은 나팔꽃이 도는 듯한 나선형 궤도를 그린다. (라)는 사건의 지

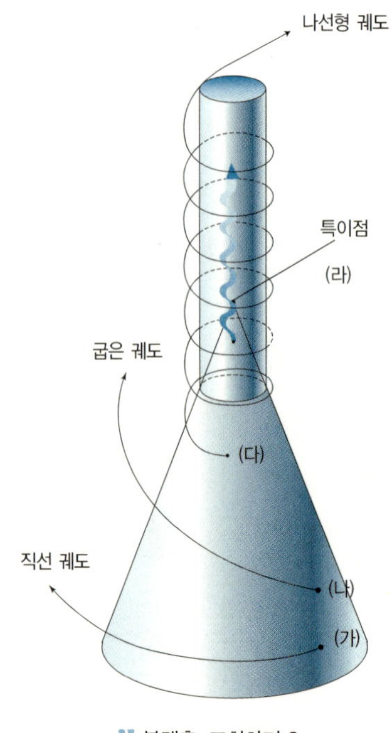

■■ 블랙홀 표현하기 3

평선 내부여서 광선이 아무리 발버둥을 친다 해도 결코 밖으로
탈출하지 못한다.(블랙홀 표현하기 3)

앞 그림은 블랙홀 주변에서의 운동을 표현하는 데는 적당하
다. 하지만 블랙홀 주변의 시공간이 어떻게 굽었는가를 서술하
는 데는 불충분하다.

블랙홀 근방에서 시공간이 어떻게 뒤틀어져 있는가를 보여주
는 방법은 탄력이 좋은 고무판의 중심에 쇠공을 놓는 것이다.(블
랙홀 표현하기 4)

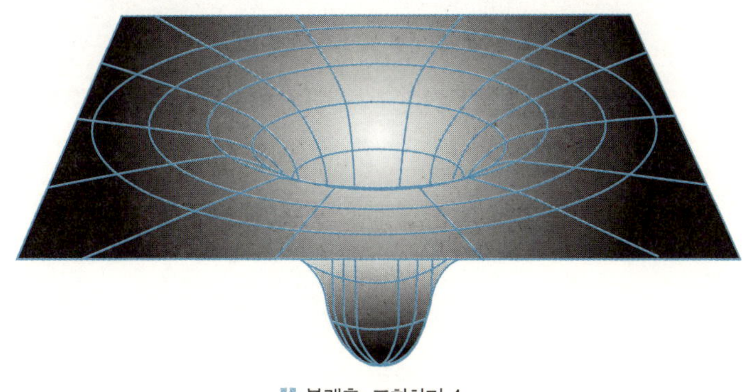

블랙홀 표현하기 4

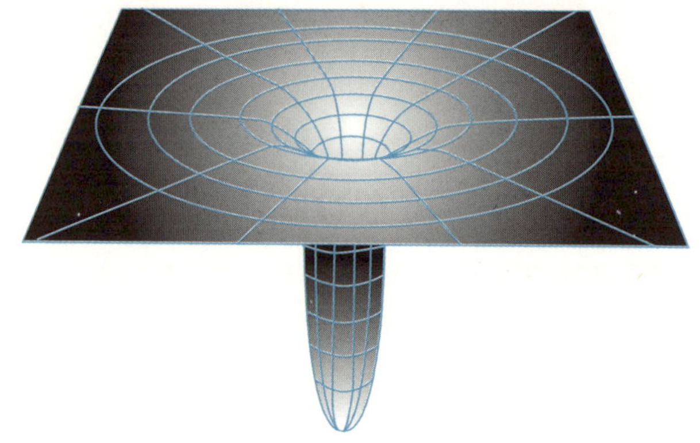

▪▪ 블랙홀 표현하기 5

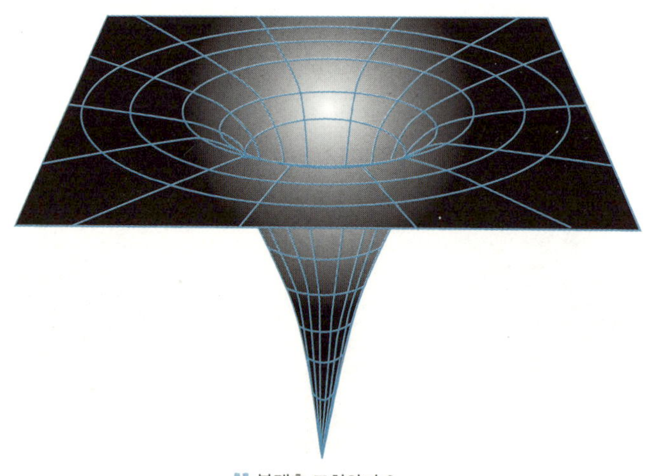

▪▪ 블랙홀 표현하기 6

쇠공이 무거우면 무거울수록 고무판이 굽는 정도는 심해진다. 마찬가지로 무거운 천체일수록 그 주변에서 변형되는 시공간의 뒤틀림은 격해진다. 천체가 계속 중력수축하며 작아져도 시공간은 더욱 왜곡된다.(블랙홀 표현하기 5)

천체가 블랙홀이 되어 하나의 특이점으로 변하면 시공간은 극도로 뒤틀리고 밑동은 크기가 없는 하나의 점으로 변한다.(블랙홀 표현하기 6)

11

블랙홀을 통한 시간여행

화이트홀

블랙홀의 또다른 매력은 시간여행의 가능성을 열어두고 있다
는 점이다. 이거야말로 모든 이가 바라는 블랙홀 연구의 최전선
이라 할 수 있다. 사고실험을 하자.

> 탄성이 우수한 고무판에 쇠공을 떨어뜨리면 움푹 들어간다.
> 블랙홀 주변에서 시공간이 휘는 현상이 이와 비슷하리라 본다.
> 그런데 우주엔 꼭 이와 같은 시공간 구조만 가능할까?
> 이와는 정반대의 시공간 구조는 가능하지 않은 걸까?
> 블랙홀이 뒤집어진 시공간 구조가 존재한다면?

블랙홀을 뒤집어놓은 듯한 모양의 천체를 화이트홀(White Hole)이라고 한다. 블랙홀과 마찬가지로 화이트홀도 아인슈타인의 중력장 방정식을 풀어서 나오는 분명한 해(解) 가운데 하나이다. 화이트홀이 아직은 발견되지 않고 있지만, 이론적으론 얼마든지 가능한 천체이다. 화이트홀은 마르지 않는 샘처럼 늘 에너지가 뿜어져 나오는 천체가 될 것이며, 항시 물질이 우주 공간으로 쏟아져 나오는 원천이 될 것이다.

블랙홀과 화이트홀을 통한 시간여행

시간여행의 길은 블랙홀이나 화이트홀만의 힘으로는 불가능하다. 두 천체가 힘을 합칠 때 가능하다. 사고실험을 하자.

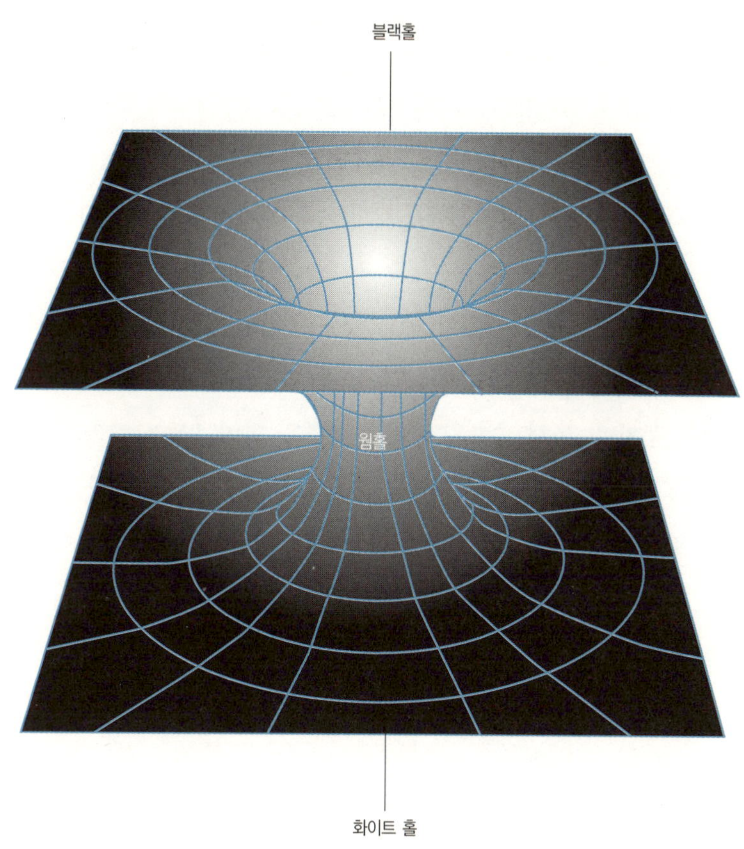

■■ 블랙홀과 화이트홀 이어 붙이기

그러나 특이점이 사라졌다고 해서 블랙홀과 화이트홀의 왕래
가 순탄해졌다는 얘기는 아니다. 가장 큰 장애 요인 하나가 사라
졌을 뿐이다. 온갖 종류의 빛이 블랙홀과 화이트홀 사이를 지날
것이다. 그중에는 자외선, X선, 감마선이 포함된다. 이들은 파장
이 짧은 고에너지 광선으로, 거의 광속에 가까운 속도로 블랙홀
과 화이트홀 사이를 연신 관통한다. 이러한 광선을 맞고 살아남
을 동식물은 없다. 바로 한줌의 재가 되어 날아가버릴 것이다.
블랙홀과 화이트홀을 연결하는 통로를 웜홀(Worm Hole, 벌레
구멍)이라고 한다.

캘리포니아 공과대학의 손은 웜홀을 지날 수 있기 위해서는
몇 가지 조건이 성립해야 한다고 주장한다.

우선은 기조력이 약해야 한다. 그래야 몸뚱이가 찢어지지 않
고 무사히 통과할 수 있을 것이다.

다음으로 웜홀을 지나갈 수 있는 시간도 통과할 수 있을 만큼
적당히 길어야 하고, 다시 돌아올 수 있도록 쌍방향이어야 한다.

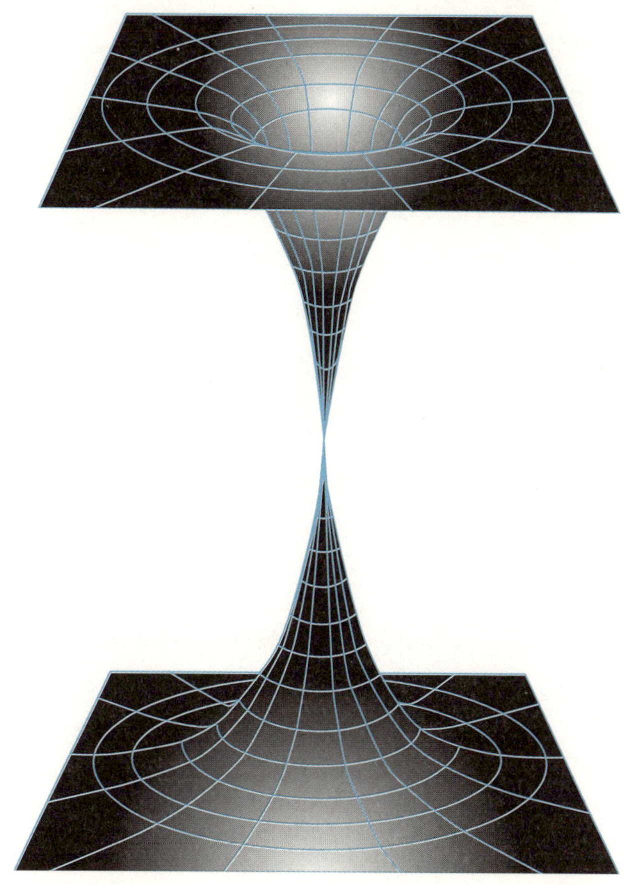

■■ 극도로 좁아진 웜홀

그리고 유해한 빛의 영향을 최소화해야 한다.

여기까지는 비전문가도 거론할 수 있는 상식적인 수준이다. 그러나 다음이 중요하다. 손은 이렇게 말한다.

적당한 시간에 적당한 물질로 웜홀을 만들 수 있어야 하고, 웜홀이 찌부러지는 걸 막을 수 있어야 한다. 그러기 위해선 웜홀은 굉장한 압력에 견딜 수 있는 특별한 물질로 이루어져야 한다. 이건 우리가 지금껏 알고 있던 물질과는 전혀 다른 성질을 보이는 물질이다. 나는 이것을 '특이 물질(Exotic Matter)'이라고 부르겠다. 특이 물질은 제로(0)보다 작은 질량을 가져야 하고, 음의 에너지를 지니고 있어야 하며, 중력에 반하는 운동을 해야 한다.

중력에 반하는 운동이란, 쉽게 말해서 중력이 작용하는 땅으로 떨어지지 않고 하늘로 솟구치는 현상을 말한다. 그러니까 특이 물질이란 반중력 물질을 가리키는 것이다.

아직은 반중력 물질이 발견되지 않았고 언젠가 웜홀을 통한 우주여행이 정녕 가능할지도 모르지만, 그 생각만으로도 가슴이 벅차오른다.

블랙홀 최전선 연구가 기쁜 소식을 하루 빨리 가져다주길 기대하며, 호킹의 말을 빌려 이 책의 마침점을 찍는다.

"미래의 누군가 시간을 거슬러 우리가 살고 있는 이 시대로 날아와 타임머신의 제작법을 왜 가르쳐주지 않는 걸까?"

아인슈타인과 호킹의 블랙홀 랑데부

초판인쇄	2005년 6월 9일
초판발행	2005년 6월 16일

지 은 이	송은영
펴 낸 이	지수현
책임편집	박기효
펴 낸 곳	해나무
출판등록	2001년 4월 7일 제406-2003-058호

주 소	413-756 경기도 파주시 교하읍 문발리 파주출판도시 513-8
전자우편	henamu@hotmail.com
전화번호	031) 955-8896
팩 스	031) 955-8855

ISBN 89-89799-48-1 03420